生活因阅读而精彩

生活因阅读而精彩

Haizi De Diyiben
Zhuanzhuli
Xunlianshu

孩子的第一本
专注力训练书

陈菲墨 编著

中国华侨出版社

图书在版编目(CIP)数据

孩子的第一本专注力训练书/陈菲墨编著. —北京：

中国华侨出版社,2013.6（2021.2重印）

ISBN 978-7-5113-3745-0

Ⅰ.①孩… Ⅱ.①陈… Ⅲ.①注意–能力培养–通俗读物

Ⅳ.①B842.3–49

中国版本图书馆 CIP 数据核字(2013)第140202 号

孩子的第一本专注力训练书

编　　著 / 陈菲墨

责任编辑 / 宋　玉

责任校对 / 孙　丽

经　　销 / 新华书店

开　　本 / 787 毫米×1092 毫米　1/16　印张/17　字数/240 千字

印　　刷 / 三河市嵩川印刷有限公司

版　　次 / 2013年8月第1版　2021年2月第2次印刷

书　　号 / ISBN 978-7-5113-3745-0

定　　价 / 45.00 元

中国华侨出版社　北京市朝阳区静安里 26 号通成达大厦 3 层　邮编：100028

法律顾问:陈鹰律师事务所

编辑部:(010)6444305664443979

发行部:(010)64443051 传真:(010)64439708

网址:www.oveaschin.com

E-mail:oveaschin@sina.com

前言

　　专注力，是指人的心理活动指向和集中于某种事物的能力，也即注意力。

　　"注意"，是一个古老而又永恒的话题。著名的俄罗斯教育家乌申斯基曾说："'注意'是我们心灵的唯一门户，意识中的一切，必然都要经过它才能进来。"法国生物学家乔治·库维也曾说："天才就是不断地注意。"

　　可以说，一个人注意力的集中与否直接关系到他能否在某项工作或者事业上取得成就。但凡拥有高度集中的注意力的人，总会在自己的领域中做出突出成绩。换句话说，一个人无论做任何事情，一定要集中注意力，只有将注意力全部放在所做的事情之上，专注于这一个目标，才能够在这个目标上取得成功。对孩子来说同样如此。

　　一个孩子要想有良好的学习和做事能力及效率，就一定要练就在何种情况下都能集中注意力的好习惯，而不要心猿意马，东张西望。可以说，注意力是智力的基本因素，也是一个人的观察力、记忆力、思维力、想象力的基础。那些聪明的孩子之所以聪明，除了其本身所具备的天赋之外，更重要的还是后天的学习和科学的训练。父母们不妨注意一下，这些孩子往往坐得住，在学习和其他活动中，他们能够有高度而持久的专注力和自控力。可是，更多的孩子则是注意力难以集中，做事不够专心，这让家长们很是头疼。因此，作为父母，一定要高度重视如何培养孩子的专注力问题。

我们知道，即使是成年人，专注力也是有限的，不可能什么东西都关注。更何况是孩子？如果我们要求孩子什么都注意，那么最终可能就什么东西都注意不到。但是，在注意的目标熟悉或不是很复杂时，我们却可以训练孩子同时注意一个或者几个目标，并且不忽略任何一个目标。这其实就是有效注意的能力问题。另外，孩子几乎每天都在注意力集中和注意力转移这两种状态下学习和生活，每天要上好多节课，每节课的内容都有所不同。所以，这就要求孩子具备转移注意力和集中注意力这两项能力。

针对上述种种现实情况，父母极有必要帮助孩子激发专注力、培养专注力、训练专注力。也正是基于这些原因，我们特别编写了这本培养孩子专注力的书。本书遵循孩子身心发展的规律和认知特点，在编写过程中，我们力求以最大限度地激发孩子的兴趣和心理动力为目标，提出了一些专注力的培养方式和训练方法，希望本书能成为家长培养孩子专注力的良师益友。

孩子是未来，孩子是希望，爱孩子，就从塑造孩子的专注力开始吧！

目 录
CONTENTS

目 录
CONTENTS

目 录
CONTENTS

第六章　**专注力之随时训练法**：不浪费每一个可以提高专注力的机会

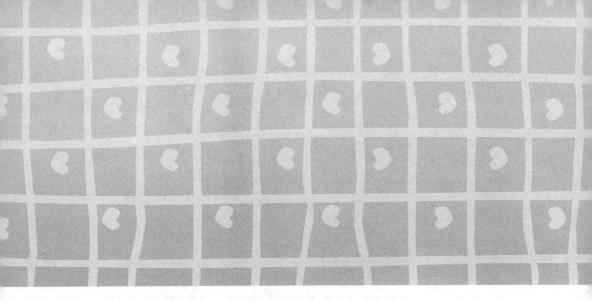

第一章
专注力让孩子变得不平凡

专注力也许是最容易被家长们所忽略的一种能力。当孩子遇到问题时，家长们已经习惯了从孩子的性格和心理等方面去寻找原因，青春期和叛逆也是家长们所关注的热门话题。但事实上，专注力会让一个普通人变得不再平凡。这就是专注力真正的魔力。

别让孩子成为"走神小王子"

关键词

注意力　　不集中　　年龄　　适度教育

指导

　　容易走神似乎是孩子们的通病，很多家长对于这点都感到异常头疼，不知道要怎样才好。说也说了，罚也罚了，可孩子就是没法不"走神"，难道孩子真的没有办法集中注意力吗，还是随着年龄的增长孩子的注意力能够逐渐集中呢？

　　有的家长或许比较乐观，认为孩子天性就"坐不住"，毕竟还小，只要他长大了就能有所改变，顺其自然就可以，无须刻意管制。如果强制孩子集中注意力的话，不但不能让孩子的注意力得到提升，还有可能引起副作用，比如孩子逆反心理增长，更加不听话，和家长对着干。

　　其实，无论是强制性的管制，还是放任孩子发展，都不是好方法。

案例

　　洋洋和光光是非常要好的朋友，他们两个都非常活泼开朗，在课余的时候，总是孩子们的中心，集体活动也很积极。但是，在上课的时候，他们就让老师觉得头疼了，因为两个孩子都喜欢走神，总是不在状态，两个人一会儿看看这，一会儿看看那，非常不安分，要是他们两个的视线对上了，还会小声地笑。有时还会影响到周围同学的注意力。

　　在期中考试之后，学校组织召开了家长会，老师针对两个孩子的情况和他们的妈妈分别进行了谈话。回到家之后，洋洋首先承受了妈妈的怒火。妈妈非常生气，教育洋洋："今天丢人死了，全班那么多孩子，老师单单说你们两个，你看看你，平时就总是走神，干什么都不用心，现在老师说你了吧？"可是没教训几句，洋洋妈就发现，自己的儿子看似在接受批评，但这个时候又走神了！这让洋洋妈怒火中烧，提高了声调，冲着洋洋吼了起来："你有没有在听我说什么啊？我在教育你，你竟然这个时候还不思悔改，还不专心。我看你是没救了，罚你今天晚上不许看动画片，还要打扫自己的房间！"

　　洋洋觉得很委屈，红着眼圈说："光光的妈妈从来就不这样说他。再说我又不是不想专心听讲，实在是管不住自己。"确实，光光的妈妈就像洋洋说的那样，回家之后并没有批评光光，甚至说都没说。因为光光妈觉得，孩子注意力不集中是正常现象，随着他的成长，他的注意力也会越来越集中，用不着自己操心。

　　就这样，洋洋的妈妈和光光的妈妈都靠自己的一套理论教育孩子。结果，洋洋和光光的专注力没有丝毫的提高。洋洋因为总是被妈妈教训，提前进入了叛逆期，连老师的话都不听了。而光光呢？无论老师怎么说，他都笑嘻嘻的样子，还说："我妈妈说这是正常的，不应该总因为这件事说我。"随着升学考试临近，课业越来越重，两个好朋友的成绩却一起下降了。

技巧

洋洋妈和光光妈现在一定悔不当初，明明自己的用意是好的，怎么孩子就是不能按照自己设定的方向走呢？可能有的家长会觉得疑惑了，对于两位妈妈的遭遇也深有感触，都说孩子的专注力要培养，但是这个程度很难拿捏，管得严了，就会像洋洋妈一样，孩子会对自己产生严重的抵触情绪，这样不但亲子关系出现裂痕，还不利于孩子的管教。

都说孩子的注意力不集中是正常的现象，也会随着年龄的增长而有所改变，试着不去逼孩子，给孩子自由成长的空间总行了吧？可是又会遇到光光妈所面临的问题，从一个极端走向另一个极端。或许有的家长要问了，孩子的专注力一定要培养才行吗？怎样培养孩子专注力才比较合适呢？

1. 关注孩子专注力的发展动向

很多家长可能都不太了解，孩子在不同的年龄段专注力的发展程度也是不同的。对于小一些的孩子来说，"走神"是非常普遍的现象，也是很正常的，因为他们对周围的一切事物都充满了旺盛的好奇心。

通常情况下，孩子在4岁之前专注力都不强，即使是感兴趣的事情，可能注意力也只能维持不到10分钟。等孩子升入小学之后，注意力有了提升，基本上能够维持20~25分钟。所以说，有的时候家长不能以自己的标准来要求孩子，要了解孩子的发展动向，从而判定孩子是否有"走神"的危机。

2.适时引导，适当教育

有的家长一看孩子走神了，就不管三七二十一，先批评了再说。事实上，我们也已经说过了，每个孩子在不同的年龄段有不同的专注力水平，如果强行要求孩子提高注意力，可能引起孩子的反感，也有可能让孩子对喜欢的事物失去兴趣，这样一来就得不偿失了。所以说，作为家长，一定要适度教育，这点非常重要。

如果孩子的注意力在他年龄范围的标准内，家长可以适度引导，没有必要强制提高。如果孩子的注意力达不到标准，那么家长就应该要重视起来了，不能任由孩子自由发展。家长是孩子的指路明灯，需要给孩子指出正确的方向，孩子才能走上快乐的成长之路。

拖延症是从小缺乏专注力的缘故

关键词

拖沓　不认真　认识错误

指导

有的家长可能会感到困惑，明明自己是干干脆脆的性格，可是孩子却非常拖沓，做什么事情都不着急，能拖到什么时候就是什么时候。其实，很多孩子都有这样的问题，遇到这样的问题的时候，家长不要思考孩子的性格像谁，因为这并不是源于先天的性格，而是后天的原因才造成的。

这么说可能有的家长不能认同，在教育培养孩子的过程中，也尽心尽力，而且孩子小的时候很听话啊，怎么长大了反而问题也多了呢？其实，在孩子成长的过程当中，有时家长会忽视孩子专注力的培养，而专注力的缺失，就很有可能造成孩子做事拖沓，小小年纪就成为"拖延症患者"了。

案例

张晓是一个性格有些内向的女孩子，正上小学四年级。平时的她不太喜欢说话，但是总喜欢对着一个地方出神。张晓的妈妈觉得，女孩子文文静静的没有什么不好，比起那些调皮捣蛋的孩子来说，要好管教多了。而且，从小这个孩子就没有让她操多少心，总是安安静静的。

但是，最近张晓的妈妈发现问题了。怎么说呢？孩子温吞的性格她一直都知道，但是最近有些"出格"了。原来，升入四年级之后，面临着小升初的过渡，课业变得繁重了，而张晓做事又喜欢磨蹭、拖延，所以作业一多，她就要熬夜。更加让妈妈不安的是，张晓最近总是晚回家，有时天都黑了，她才进家门。

一个女孩子，回家那么晚难免让人担心，可是每次问她为什么回家这么晚，她又说没干什么。终于，妈妈坐不住了，有一天在放学后跟着张晓。虽然离得并不远，但是女儿并没有发现自己。跟了一路，妈妈找到问题了。原来，自己的孩子总是走走停停，而且有的时候还喜欢钻到胡同里，一点着急回家的样子都没有。仔细想想，孩子做作业的时候也是，做一会儿，玩一会儿，一点儿都不着急，直到最后才急得不行。

妈妈想来想去都没弄明白，女儿小时候很乖，平时不用怎么管，为了给孩子自由成长的空间，自己也尽可能地放任孩子，也不知道孩子怎么就得了"拖延症"。对此妈妈感到头疼极了。

技巧

有拖延症的孩子屡见不鲜，很多家长习惯将这归结于孩子的天性。实际上，这跟孩子后天的成长有很大的关系。虽然在家长看来，做事拖沓和走神貌似没有什么直接关系，但事实上却并非如此。正是因为孩子缺乏专注力，才导致了做事拖延。

在做一件事情的时候，如果不能全身心地投入，那么外界的事物就会影响到孩子，使得孩子的注意力转移，当回过神来的时候，可能已经过了很久，这样一来，自然做事的效率就变低了。

孩子做事拖沓的危害不需多说，很多家长都深有体会，孩子做事慢慢吞吞，不仅效率低，还漏洞百出。这个时候，想要培养孩子的专注力，就要先找到孩子容易走神的原因。

1.孩子周围的干扰太多

其实，有时家长对于环境的理解不够充分。有的家长认为，孩子只要在一个相对安静，条件优越的环境当中，就可以专注于某件事情。如果这样想，那么就错了。孩子在成长的过程当中，环境对他的影响很大。有的时候，孩子在学校能够安心学习，但是回到家中就开始拖沓了。

这是因为，有的孩子学习的环境干扰太多。除了噪音之外，还有各种诱惑。比如桌子上的摆设、墙上的海报，等等。这些也是干扰孩子的因素，因为这些都能转移孩子的注意力。所以说，环境是首先应该想到的一个原因。

2.没有让孩子遇到感兴趣的事

孩子的专注力需要引导，这并不是说孩子对什么都不在意。有的孩子可能喜欢观察动物，有的孩子可能喜欢摆弄电器，这是孩子的兴趣，每个人都不相同。有的时候，孩子难以集中注意力，是因为他正在被强迫做他不喜欢做的事情。有的时候，家长很容易以自己的想法去教育孩子，比如自己觉得什么比较好，然后让孩子学，但这可能并不是孩子喜欢的事情，所以难以集中注意力。所以说，父母对孩子兴趣的引导也是孩子注意力是否专注的一个因素。

3.家长不适当的批评

爱玩是孩子的天性，很多孩子在写作业的时候，可能想的都是一会儿要去玩，为了这个目标，孩子会加快完成作业的速度。但是，有些时候家长看到孩子写作业快了，会认为孩子不认真，就唠叨孩子。这个时候的批评就是非常不合适的。因为有可能孩子的作业并没有出现什么问题，只是家长的判断而已。如果家长不分青红皂白就批评孩子，很可能让孩子产生逆反心理，或是做事拖沓，不用心等。

孩子反应慢半拍，怎么办

关键词

反应慢　　不在状态　　依赖

指导

　　有的孩子在生活中总是后知后觉，甚至让家长怀疑自己的孩子的智商，因为有时间话半天孩子都不回应，或者慢半拍。这种时候，说不担心是假的，可是，孩子为什么会反应慢半拍呢？难道真的是孩子发育得不好吗，还是其他的什么原因呢？

　　如果仔细观察，就会发现，孩子反应慢半拍并不是他不明白，或是不懂，而是他没有注意听你说的话。虽然看上去孩子在听，但并没有真正地思考，注意力也不在这里。这也就是我们常说的"左耳朵进，右耳朵出"。如果孩子有这样的表现，家长先不要急着批评孩子，因为很多孩子都会有这种时候。

案例

小天是一个非常聪明的孩子，他妈妈也以此为荣，但是孩子聪明归聪明，成绩总是不见提高，这让他妈妈非常苦恼。

小天虽然聪明，但是性格并不外露，比起和人玩闹，他更喜欢自己看书。但是，在小天小的时候，小天的妈妈曾为儿子的性格担心过。小孩子都喜欢出去跑跑跳跳，小天虽然有时也会参与，但并没有其他孩子那样热衷。玩捉人游戏的时候，小天总比别的孩子反应慢那么一点。被点到名字当鬼的时候，别的小朋友都能马上抓住离自己最近的同伴，但是小天每次都错过机会，这让看的人都觉得着急。时间久了，小天更不喜欢这样的游戏了。

等到小天上学之后，小天经常在做作业的时候求助妈妈，说题不会做。小天的妈妈看了以后有点担心了，因为题目并不复杂，听一次就应该明白的。可是看着孩子的样子，也不像是偷懒，好像真的不懂。没办法，小天的妈妈就给孩子讲解。

可是，按连好几天，小天都这样，这让小天的妈妈非常担心，考虑是不是小天的智商有些问题。于是带着小天到医院进行了智商测试。结果让小天的妈妈更疑惑了，因为儿子不但智商不低，还比同龄的很多孩子要高！

孩子智商没有问题，暂且让小天妈妈放下了心，可是孩子的成绩老不提高，又找不到原因。终于，小天的班主任老师找到答案了。老师找小天妈妈谈话，说小天上课注意力不集中，总是走神，老师找他谈话他也心不在焉。这下小天的妈妈知道原因了，不是儿子反应慢，而是他不在状态啊！

技巧

孩子做事不用心、反应慢，与孩子的智商低人一等比起来，似乎不用太担心。但是，如果孩子一直是反应慢半拍的状态，而家长不予重视的话，那么孩子再聪明也是枉然。

专注力很重要，孩子反应慢有时是因为像小天那样，不在状态中。他只在乎自己喜欢的事情，对其他的都无所谓，这样沉浸在自己的世界里，任你外界如何努力，也只不过是白费力气罢了。对于正走神的孩子来说，他应该做的事情可能才是他的干扰。

大部分孩子的专注力都以自己的兴趣为指向，就像小天那样，他喜欢看书，不喜欢运动。而且，没有人去提示他，所以他总是走神。这种时候，家长可以这样做。

1.家长不能放任自流

孩子注意力不集中并不可怕，可怕的是有的家长认为这是孩子的本性，放弃管教，任孩子发展，这样做就真的糟糕了。因为孩子还小，是非观、人生观和价值观都没有发育完全，对于他们来说，对错还不能按照经验常理判断，因为他们还在学习的阶段，他们需要有人引导他们，为他们指正，这样他们才能健康成长。

如果家长不去订正，那么孩子就不觉得自己注意力不集中有什么影响。时间久了，自然就会出现问题。作为家长，要及时地了解孩子，给予指导。这样孩子才能找回轨道，不至于偏离方向。所以说，家长的作用是非常重要的。

2.孩子出神要及时提醒

有的时候，孩子走神了，家长注意到了，但是为了锻炼孩子，不去提醒。这样做并不好，家长应该要及时提醒孩子。因为在初中之前，都是培养孩子习惯的时期，这个时候如果形成了什么不良的习惯，是很难改正的。作为家长，如果能够帮孩子养成良好的行为习惯，那么在以后的日子里，无论是孩子自己，还是家长，都能够轻松许多。

3.孩子求助也不要太心软

有的孩子上课走神，等到回家的时候就求助于父母。虽然孩子的肩膀还很稚嫩，不过家长还是可以适当让孩子承受后果。比如孩子求助的时候，不要有求必应，偶尔"放回鸽子"，让孩子尝一尝挫败的滋味，可能下一次孩子就会试着自律了。

不要养成孩子过度依赖的坏毛病。锻炼孩子的专注力，让孩子的反应快起来吧。

究竟何为专注力

关键词

态度　分阶段　不苛求

指导

专注力成为了近年来比较热的一个词语，越来越多的家长开始关注孩子的专注力，并用心培养。但是语言是空泛的，并不能解决实际问题。怎样才能让孩子的专注力有所提升呢？专注力又是什么呢？

关于专注力是什么这个问题，很多家长都能解释，就是注意力嘛。但是，很多家长并不知道怎样看待孩子的专注力。试着想想，每当老师找家长说孩子注意力不集中的时候，家长们的反应是什么样的呢？回去教训孩子一顿，还是谈话教育？在做完这些之后，孩子就真的理解了吗？真的能改正了吗？说到底，很多时候家长的批评教育并不管用。

为什么会出现这样的问题，有一部分原因是家长看待专注力的眼光并不客观，这样和孩子之间的交流自然少了一个契合点。

案例

小米刚上小学三年级，就有了严重的厌学情绪。倒不是因为她性格内向，没有朋友，也不是和老师同学相处不愉快。要说她的厌学情绪为什么这么浓烈，和小米的家长有着密切的联系。

小米性格开朗，喜欢上学，也喜欢和同学相处。但是有一个问题，就是她上课的时候比较难进入状态。有的时候需要5分钟，有的时候需要10分钟。不过好在重点一般都会在课堂中15~20分钟的时候讲，所以她基本上也能应付学习。要是遇到喜欢的课程，她能够更快进入学习状态。当然，遇到不喜欢的课程，很有可能难以进入学习状态。

小米的班主任老师很看好她，所以找小米的家长来学校谈话，谈一下小米的教育问题。当说到注意力不够集中的时候，小米的爸爸先生气了，没听老师说完，就教训起小米来。想到最近在看孩子注意力的书，想到里面的危害，小米的爸爸越说越生气，最后干脆说小米不争气。

这种说法让小米很委屈，可是一解释爸爸妈妈就觉得她在顶嘴，认为她学习不用心、不努力。渐渐地，小米沉默了，父母说的时候她也不再解释，脸上的笑容也越来越少，上课的时候注意力更不集中，甚至有时上学还会迟到，上课也磨磨蹭蹭地不愿意进教室，厌学情绪日益高涨。

技巧

相信像小米那样的父母不在少数，一说起孩子的注意力，很多家长都会感到头疼，该说的也说了，无论是注意力的重要性，还是好处，可是孩子就是听不进去，有时甚至还会跟自己顶嘴，这样的现象让很多家长在生气之余也有些疑惑。难道孩子的专注力没有办法培养吗？

其实，问题之所以难以解决，有时并不是问题本身的关系，而是个人理解问题，如果理解不到位，或者理解偏离了轨道，那还怎么能找到正确的办法呢？对于注意力，很多家长的认识都太过偏激。看待一个问题要客观、要科学。比如专注力，就需要科学的眼光来看待，可是有的家长却将专注力归结于孩子的态度问题。

只要孩子注意力不集中，家长就像小米的家长那样怪小米不懂事、不努力。这个时候孩子觉得委屈，自然不会听家长的话了。那么，怎么样看待孩子的专注力才是科学的呢？

1.分阶段看待孩子的专注力

在前面也说过了，每个孩子在不同的阶段专注力的水平也是不同的。举例来说，在孩子还不认识字的时候，你是没有办法让他读书的，这是不科学的。专注力也是一样。一般情况下，孩子未满周岁的时候，只能维持 15 秒的注意力，也就是说，再有意思的东西，他也只有 15 秒的兴趣，到一岁半之后，孩子的注意力会逐渐增加，能够达到 5 分钟之上，这个时候孩子的专注力成长是飞速的。随着年龄的增长，孩子的注意力也在不断提高，不过，在孩子 12 岁以前，注意力都不会超过半小时。所以家长要明确看待这个问题，不能强迫孩子在一个小时内不走神写作业，这是不可能的。

2.关于专注力的误区

很多家长对专注力的认识存在着误区，认为专注力强就是能长时间投入一件事情。其实不仅是这样而已。有的孩子很容易走神，但是在瞬间之后能够马上回到状态，或者可以一心二用，两边都不耽误。这样的孩子确实是存在的，有的家长认为孩子这样是注意力不集中的体现。其实不然，孩子能够迅速地转移注意力，或者能够自行合理分配注意力的话，也是专注力强的一种表现。

所以家长要多观察孩子，不要一味批评指责。

3.苛求孩子并不是明智的做法

有的家长总是拿成人的标准衡量孩子，但是仔细想一想，我们成人有时都会走神，更何况自制力差的孩子了！其实，一个人的专注力和大脑是有关系的，大脑当中分泌的一种物质可能会影响人们的专注力，如果大脑受到一些刺激，自然会产生反应。所以，人们在突发状况面前，一般都无法专心于手中的事而会遵从自己的本能，将注意力转移。

了解了这点之后，家长应该可以试着理解孩子了吧？要先正确地认识专注力，才能评判孩子的专注力，进而培养孩子的专注力。

专注力成就天才少年

关键词

> 专注力　自信　主动

指导

　　有的家长或许会想，培养孩子的专注力如此困难，那培养孩子的专注力到底有没有必要呢？如果这样想的话，那么就要给自己一个肯定的答复了。非常有必要！培养孩子的专注力不仅对于孩子的学习，对于孩子性格的养成等各方面都大有益处。

　　其实，专注力的培养并没有想象中那样难，在下面的章节当中，将会系统性讲解，有针对性的办法。不过，还是要先了解专注力的培养有什么重要意义。

案例

　　早在 1821 年，英国的科学家戴维和法拉第就发明了一种叫电弧灯的电灯。这种电灯用炭棒作灯丝。它虽然能发出亮光，但是光线刺眼，耗电量大，寿命也不长，因此很不实用。

　　"电弧灯不实用，我一定要发明一种灯光柔和的电灯，让千家万户都用得上。"爱迪生暗下决心。

　　于是，他开始试验作为灯丝的材料：用传统的炭条作灯丝，一通电灯丝就断了。用钌、铬等金属作灯丝，通电后，亮了片刻就被烧断，用白金丝作灯丝，效果也不理想。就这样，爱迪生试验了 1600 多种材料。一次次的试验，一次次的失败，很多专家都认为电灯的前途黯淡。英国一些著名专家甚至讥讽爱迪生的研究是毫无意义的。

　　面对失败，面对冷嘲热讽，爱迪生没有退却。他明白，每一次的失败，意味着又向成功走近了一步。

　　一次，爱迪生的老朋友麦肯基来看望他。爱迪生望着麦肯基说话时一晃一晃的长胡须，突然眼睛一亮，说："先生，我要用您的胡子。"麦肯基剪下一绺交给爱迪生。爱迪生满怀信心地挑选了几根粗胡子，进行炭化处理，然后装在灯泡里。可令人遗憾的是，试验结果也不理想。

　　"那就用我的头发试试看，没准还行。"麦肯基说。

　　爱迪生被老朋友的精神深深感动了，但他明白，头发与胡须性质一样，于是没有采纳老人的意见。麦肯基临走时，爱迪生帮麦肯基拉平身上穿的棉线外套，突然，他又喊道："棉线，为什么不试棉线呢？"

　　麦肯基毫不犹豫地解开外套，撕下一片棉线织成的布，爱迪生把棉线放在在U形密闭坩埚里，用高温处理。爱迪生用镊子夹住炭化棉线，费了九牛二虎之力，爱迪生才把一根炭化棉线装进了灯泡。

　　夜幕降临了，爱迪生的助手把灯泡里的空气抽走，并将灯泡安在灯座上，一切工作就绪，大家静静地等待着结果。接通电源，灯泡发出金黄色的光辉，把整个实验室照得通亮。13 个月的艰苦奋斗，试用了 6000 多种材料，试验了 7000 多次，终于有了突破性的进展。

"但这灯究竟会亮多久呢？

1 小时，2 小时，3 小时……这盏电灯足足亮了 45 小时，灯丝才被烧断。这是人类第一盏有实用价值的电灯。这一天——1879 年 10 月 21 日，后来被人们定为电灯发明日。

"45 小时，还是太短了，必须把它的寿命延长到几百小时，甚至几千小时。"爱迪生没有陶醉于成功的喜悦之中，而是给自己提出更高的要求。

一天，他顺手取来桌面上的竹扇面，一边扇着，一边考虑着问题。"也许竹丝炭化后效果更好。"爱迪生简直是见到什么东西都想试一试。试验结果表明，用竹丝作灯丝效果很好，灯丝耐用，灯泡可亮 1200 小时。此后，电灯开始进入寻常百姓家。

技巧

爱迪生为了找合适的灯丝，进行了千百次的实验，这样的故事就连小孩子都知道。为什么能够重复那么多次的失败呢？很简单，因为他全身心地投入其中。当一个人将全部的精力投入到某件事当中的时候，周围的一切都会变得无所谓，结果也会被忽略，人们会享受过程。天才，也不过如此，他们比起结果，更在意过程，只有真正地陶醉其中，才能真正地有所收获。

不只是爱迪生，很多人都有这样的特点。除了科学家，艺术家也是如此。罗丹在创作的时候能够屏蔽周围的一切，将自己关在一个世界里，专心地创作，甚至时间流逝都不自知。其实，他们也是凡人。反过来说，如果能够正确地培养孩子的专注力的话，那么孩子也会成为一个非凡的人。那么，专注力对孩子究竟有哪些方面的影响和好处呢?

1.能够让孩子由被动变为主动

有些时候,让孩子做不愿意做的事情的时候,孩子觉得痛苦,家长觉得无奈,但是也没有办法。如果孩子的注意力非常集中,那结果就不一样了。都说由兴趣培养注意力,这种说法没错,但反过来其实也是成立的。

如果一个人能够专注于某件事,那么一定能够从中寻找到乐趣。这样一来,孩子的进步就没有那么难了,家长也能轻松许多。

2.困难不再可怕

专注力很强的孩子,自信心也很强,世界上没有解不开的难题,只有不肯努力的人。如果孩子有较强的专注力,那么任何难题对于他来说,都是一个挑战,而并非一个跨越不了的鸿沟,只要能够陶醉其中,那么一定会有解开问题的一天。孩子有了自信,不会对困难感到恐惧,那么进步自然是飞速的。

培养专注力应遵循的六大原则

关键词

环境　兴趣　情绪　纪律　训练　游戏

指导

　　孩子的教育是一个漫长的过程，在这个过程当中，每个父母都是探索的人，因为人与人不一样，所以教育的方式也存在着一定的差别。无论是教育者，还是孩子们，都有着区别。作为家长，有的时候要判断，什么样的教育是适合自己、适合孩子的。而且，在教育的过程当中方法也有可能发生改变。

　　家长有时是否会感到困惑呢？有时觉得这种方法更适合孩子，有时又会自己推翻，发现有更好的方法，即使和现在的原则相违背，家长也愿意去尝试，因为最在意的是哪个方法对自己的孩子帮助最大。但是，如果时常变动的话，不但不会有超常的效果，还有可能影响孩子。

案例

李磊的父母都是知识分子，两个人晚婚晚育，所以当李磊降生之后，全家都将他捧在手心里。爷爷奶奶就不用说了，李磊的爸爸妈妈也费尽了心思。从他出生前，他的父母就阅读了大量的家教书籍，从他出生开始，每一餐的营养都经过了精心的配制。因为他的父母希望能将最好的一切都给孩子。

除了衣食住行之外，教育就是两口子最为重视的事情了。他们希望李磊能够超群脱俗，成为一个了不起的孩子。毫不夸张地说，李磊从出生前开始，就每天按时接受教育了。他的妈妈除了会听胎教音乐之外，还经常给他念书。

效果确实很明显，李磊从出生到小学，一路走得都非常顺畅。学习成绩总是让他父母骄傲的资本。不过，李磊也并非绝对完美，一点儿毛病都没有。他偶尔也会在课上走神，回到家写作业的时候偶尔也会想想其他的事情。

李磊的父母发现了之后非常担心，两个人买来了很多关于培养孩子专注力的书籍，希望能够改正孩子的毛病。但是，书一多了，问题也多了。两个人看了不同的书，有不同的教育方法，就连原则都不一样。因为这个，两口子还吵了起来。最后，两个人决定轮流教育，这样李磊成为了父母的试验品，一会儿按爸爸教的做，一会儿又要听妈妈的，弄得他越来越混乱，越来越容易走神了。

技巧

其实像李磊父母那样的问题，很多家长都遇到过。每个家长都希望能够将自己的孩子培养成一个人才，所以在教育的时候尤为注意。可是，不是每个人都是教育家，在教育孩子的时候，家长们会买很多书籍，做很多准备工作，而且，有时父母之间的意见会出现分歧。这个时候，不但父母之间有争执，孩子更加混乱。

要培养孩子的专注力，不能用两种背道而驰的方法，这样孩子难以判断，反而会犹豫不决。孩子这个时候是非观还没有发育完全，需要家长指导，如果家长全部都让孩子自己做判断，那么反而会分散孩子的注意力，更加不利于孩子专注力的培养。那么，到底怎样做才是对的呢？

其实，方法有很多，根据人的不同，效果可能也有所差别，所以很难说哪种方法最好。不过，在培养孩子专注力的时候，一定要遵从几个原则，在不违背这几个原则的前提下，方法之间的微小差别无伤大雅。就像是终点一样的两条小路而已，方向不会错，走哪条都无所谓。

1.专注力离不开环境的影响

环境对于孩子来说很重要，其实不仅是专注力的培养，包括性格、兴趣、爱好等，都有影响。而且，孩子生活和学习都会在固定的地点，这也是环境的一部分，尤其是家庭环境，是孩子无法脱离的沃土。好的家庭环境对孩子的成长有非常重要的作用。

专注力的培养也是如此，如果家里的环境能够让孩子静下心来，投入到一件事情当中，那么自然专注力会有所提高。

2.兴趣永远是专注力的导向

对于孩子的教育，兴趣是非常重要的部分，不只是专注力，很多方面的培养教育都是以兴趣为导向的。以兴趣为前提的话，那么培养孩子的专注力就不是难事。

3.情绪会影响孩子的专注力

成人大多都懂得控制自己的情绪，孩子和我们不同，他们的身心都在发展当中，没有发育完全，情绪很容易影响孩子。所以，在培养孩子专注力的时候，一定要注意时机，也要注意孩子的反应。良好的情绪能够让孩子更容易投入一件事，反之，孩子会受到负面的影响。

4.有纪律才能有效果

对于孩子的培养，不能只是口头上说，要有切实可行的计划，也要有相应的奖惩制度，只有一定的约束，才能让孩子更好地执行。而且，纪律本身能够培养孩子的自制力。即使孩子难以集中注意力，有了一定的自制力之后，无须提醒，也能自己控制自己集中注意力，进入状态。

5.有目标地进行训练

作为家长，对孩子专注力的培养不能盲目，要有目标，也要有计划，这样才能有条理，培养孩子的专注力才能变得更加简单，更为轻松，效果也会更好。

6.在游戏中提升专注力

爱玩是每个孩子的天性，学习、教育不一定是一成不变的，不一定要非常严肃，轻松一点或许更好，不仅能够加强亲子关系，还能事半功倍，让孩子轻轻松松获得专注力。

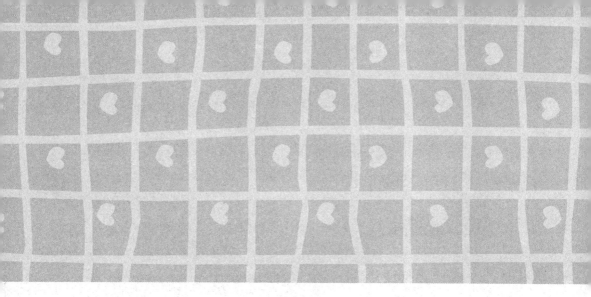

第二章
专注力之家庭影响法：
好家长胜过好老师

　　"环境塑造人"是广大父母都深以为然的一句话，良好的环境是孩子形成正确思想与优秀人格的基础。因此，作为父母，我们要为孩子创造一个有利于专注的环境，让孩子的注意力在良好环境的熏陶下得到增强。

给孩子一个温馨而整洁的家庭环境

关键词

家庭环境　卫生　整齐　温馨　常态

指导

　　每个父母都希望自己的孩子能够集中注意力，特别是学习方面，如果孩子总是"开小差"、走神的话，学习成绩就很难提高，甚至会退步。也正因为如此，很多父母都为之头痛。

　　可是，对于这样的情况，很多父母往往都只会从孩子自己身上寻找原因，认为这是孩子喜欢"多动"，自制力太差，总贪玩，不爱学习所导致的。可事实真的如此吗？难道父母们就没有责任吗？

案例

果果是一个三年级的小学生，活泼机灵，但就是学习成绩不见提高。班主任吴老师观察了一段时间，发现了问题所在。原来果果上课的时候总是不注意听讲，老是走神，不知道她在想些什么。虽然吴老师也找过果果谈话，但收效甚微。无奈之下，吴老师决定要见一见果果的父母。

在一个周末，吴老师来到了果果家。原来，果果家是一个独栋的三层小楼。一层和二层是她家经营的网吧，她们全家则住在第三层。进入果果家之后，吴老师发现了，屋子的隔音效果并不好，楼下的吵闹声全部传入屋子里了。而且，果果的家里有几个人叼着烟围坐在桌子边打麻将。

见老师来了，果果的爸爸赶紧站了起来，和果果妈妈一起请老师进入果果的房间。看到这样的情况，吴老师心里有数了。到了果果的房间一看，屋子面积挺大，但是却感觉没处落脚，到处都是果果的玩具和书本，乱七八糟地堆在一起，这时的果果正在电脑前玩游戏，作业本摊在一边。

看见孩子没有学习，果果的爸爸觉得失了面子，大声地呵斥果果。之后果果出了房间，到楼下玩去了。经过半个多小时的谈话，吴老师基本上掌握了果果的情况，在谈话结束之后，吴老师对果果的父母说："家庭环境对于孩子的成长来说至关重要，果果上课总是心不在焉，不能进入状态，所以希望您二位以后能够注意改善一下家庭环境。"

果果父母听了老师的话，有些不明就里，他们一直觉得，注意力纯属孩子自身的问题，怎么会和家庭环境有关联呢？

技巧

很多家长可能都有果果父母的心态，认为孩子注意力不集中，是个人的问题，只要内心坚定的话，无论周围怎样吵闹，孩子仍然可以集中注意力。但是，孩子处于青少年时期的时候，正是好奇心最旺盛的时候，这时的一点风吹草动都会让孩子注意，更别说吵闹的环境了。

在孩子的成长过程当中，无论是哪个阶段，家庭环境都是非常重要的。从孩子出生开始，家庭环境对他的影响就已经开始了。只有良好的家庭环境才能让孩子全身心地投入到学习当中。

所以，比起批评孩子，父母还是多做一些力所能及的事情更有效。只有营造一个整洁而温馨的环境，才能让孩子身心健康地成长。

1. 保持生活的常态，不要让孩子感到有什么特别之处

为了给孩子提供安静的学习和做事环境，有些父母会刻意地轻手轻脚，小心翼翼。其实这样反而容易制造紧张气氛，让孩子更加不自然。我们建议，在孩子学习或做事的时候，家长只需保持一种生活的常态即可，不要让孩子感到有什么特别之处。当然，也不能无所顾忌，制造噪音。

2. 家长要懂得真正的"整洁温馨"是什么意思

一说到整洁、温馨，可能很多父母会想到让家里充满轻柔的音乐、散发着淡淡的花香，或者布置得上档次一些。其实，这样的环境虽然算得上温馨舒适，却不一定利于孩子专注力的培养。

对孩子来说，有利于其专注力培养的"整洁温馨"的环境，是自然的、平凡的、简单的生活状态。也就是说，当孩子身处这样的环境中时，是一种没有压力的、放松的感觉，这样才有利于其集中注意力。

当然，这也离不开家庭中的装饰，但父母们没必要刻意去进行一番装饰，而应该在日常生活中，一点一滴地去改变即可。

3. 创造独一无二的家庭文化

家庭对孩子有着深远的影响。除了整洁的客观环境外，还有潜在的文化环境。父母是孩子的第一任老师，即使孩子进入学校，家长仍旧是孩子的"家庭教师"，父母的一言一行都深深地影响着孩子。

如果父母在家打麻将、说脏话，这些都可能会对孩子产生不良影响；如果

父母在家喜欢阅读，孩子可能就会是另一个样子。在孩子自我意识形成之前，父母的一言一行都会影响孩子。所以，为了孩子能够健康成长，父母也应极力营造一个良好的家庭环境，创造出属于自己的家庭文化。

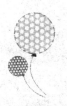

孩子需要属于自己的独立空间

关键词

> 独立空间　学习氛围　干净　简洁

指导

整个家庭的生活环境，是一个所有家庭成员的共同空间，此外，孩子还会有属于自己的小空间——他的卧室，他的书房，他的写字台……可大可小，可多可少，但，那仅仅是属于孩子自己的。

对于孩子来说，培养专注力少不了独立的空间，只有在属于他的小空间当中，孩子才能彻彻底底进入自己的世界。这也代表着，一个独立的空间是培养孩子专注力的重要场所。如果能够营造出一个良好的氛围，那对孩子的专注力培养是非常有益的。

毛毛终于盼来了升学，因为他妈妈答应他，在他升入三年级之后，会重新装修他的房间，而且可以按他自己的意愿来。这可把毛毛美坏了，他早就想自己设计房间了。

在施工之前，他就将自己的想法全部告诉了爸爸妈妈，而他的父母也真的没有插手，全部按照他的想法施工了。在暑假期间，毛毛去了奶奶家，回来看到的就是焕然一新的房间了！墙面按照他的喜好换成了大红色，小小的写字台也换了一个新的大书桌，而且，还把电脑搬到了毛毛的房间里。

看着属于自己的房间，毛毛心里非常高兴，他早就想在书桌上摆一些装饰了，碍于以前的桌子太小，现在终于可以实现了。他将自己的房间墙壁上贴了很多喜欢的海报，将自己的玩具全部摆了出来。看到儿子勤快的样子，毛毛妈感到很欣慰。

但是，很快问题就出现了。毛毛的学习效率变低了，不但作业做得拖拖拉拉，还经常走神。有一次，妈妈叫毛毛吃饭的时候，发现毛毛正摆弄着桌子上的摆件，电脑还开着。这可把她气坏了。第二天，妈妈就把这些东西撤走了，可是毛毛还是不能专心学习，碰到难度稍微大一点的题，他就显得很烦躁。这下毛毛妈开始疑惑了，难道给孩子装修房间做错了吗？

时代在不断地发展，每个父母都希望能给予孩子最好的生活环境。只要是自己能力范围内的要求，基本上都会满足。但是，这并不代表给予孩子的环境是最好的，是适合他学习、生活的。这个阶段的孩子还是习惯养成的阶段，如果不能提供一个有利于孩子思考、学习的环境，就可能不利于孩子专注力的培养。

虽说家长都希望孩子的生活能够多姿多彩，但是这也并不能全部让孩子按照自己的喜好来。如果像毛毛妈一样，最后可能会影响到孩子的学习。

1.给孩子一个舒心的环境，并非随意的环境

给孩子布置房间的时候，很多父母都想尽了办法，希望房间能够"奢华"一些，能让孩子更喜欢。但是，这样并不代表房间是适合孩子的。

其实，适合孩子的房间并不一定要多豪华，而是要让孩子能够静下心来。在壁纸和墙面颜色的选择上，尽可能不要使用过于扎眼的颜色，否则容易让孩子感到烦躁。墙面可以做适当的装饰，比如贴海报、手绘一些图案，等等。但是要尽可能和墙面匹配，不要看起来过于杂乱。

至于孩子的书桌，上面尽可能不要放太多摆设。这样才能让孩子不至于分心，能够全身心地投入到学习当中。

2.舒适、清爽的环境最理想

虽说是孩子学习的环境，但是也不能刻意营造紧张的氛围，比如不允许孩子放玩具在房间里，不允许孩子在学习的过程中停下来，等等。这样并不利于孩子全身心地投入到学习当中，还有可能让孩子过于紧张，影响学习效果。

除此之外，孩子的房间也不能太过杂乱，除了布置以外，平时勤打扫是很重要的。在孩子学习累了的时候，不妨让孩子自己动手打扫房间、浇浇花，这样对于孩子来说也是一个放松的过程。

而且，最好在孩子房间装修的时候使用隔音材料，不要让噪音影响了孩子的注意力。

3.帮助孩子排除干扰

有的时候，孩子会不自觉地走神，他自己可能无法马上意识到。而且，这个阶段的孩子意志力还不够坚定，容易受到干扰。作为家长，不能时刻督促着

孩子，但是，可以从环境入手。比如可以在台灯、孩子的铅笔盒里写上"注意力要集中"一类的便笺，尽可能用简洁、轻松的语言表达。如此一来，即使家长没有在身边，孩子也能在一个安静的环境当中好好学习了。

学习的孩子"请勿打扰"

关键词

安静　一起学习　不干扰

指导

很多孩子在写作业的时候都有可能会在中途停下来，有的家长看到孩子不动笔了，或是看向别处了，就会说自己的孩子不专心，会批评自己的孩子。当然，大部分家长都认为这样做是对的，因为孩子没有意识到自己走神，要是不提醒，作业一定不能按时完成。

但事实上，这样做只能起到副作用。因为有些时候，孩子停下来只是在思考，或是想到了什么，如果家长这个时候出言提醒，那么就会中断孩子的思路，这样就干扰到了孩子的学习，还会让孩子产生紧张的感觉。不但不利于孩子进入学习状态，反而会分散孩子的注意力。

案例

笑笑是一个小学四年级的学生，她性格活泼开朗，也算是一个聪明的孩子。但是，她的成绩却一直在中游徘徊，上课也总是出神，不能很好地集中注意力，专注于学习。老师想来想去，决定要找笑笑的家长谈一谈。

笑笑的妈妈来到学校之后，听老师讲了自己女儿的情况，笑笑妈马上就产生了共鸣："您说得可真是一点没错，这孩子就是有这么个坏毛病。你说我们在外面看电视，她写作业心不在焉的，我们关了电视总行了吧？可是她还是注意力不集中。说多少次她就不听，有时候以为她好好学习呢，觉得很辛苦，拿水果进去一看，她摆弄铅笔看着窗外呢！唉，都不知道拿这孩子怎么办了。"

笑笑的老师认为，笑笑之所以没有办法进入学习状态，和她的家庭环境分不开。老师觉得，在孩子学习的过程当中不要打扰孩子是最好的，但是笑笑妈却说这样是为了锻炼孩子排除干扰的能力。

技巧

笑笑妈的困惑很多家长应该都遇到过，自己是希望孩子能够进入学习状态，在正常生活当中学会排除干扰的。但是我们不要忘了，这个阶段的孩子正是发展的时候，他们没有成人的自制力，而且这个阶段好奇心非常重，是需要家长引导、培养的。如果家长一味地想通过干扰的方式锻炼孩子，那么只会起到反作用。

培养这个阶段孩子的专注力是非常重要的，即使什么都不说，只是坐在孩子的身边，也有可能吸引孩子的注意力，所以家长应该把最轻松、安静的环境提供给孩子。

1.让孩子拥有自己的小世界

现在基本上所有家庭都会给孩子提供一个单独的房间，但事实上，很多时候这个房间并不是孩子的世界。因为很多家长在叫孩子的时候都会直接进入，没有想过尊重孩子的意愿。这样做非常容易打扰孩子。

作为家长，应该尽可能地给予孩子一个安静而自在的环境，不要总是"横冲直撞"地进入孩子的房间。在进入房间之前也应该先敲门，但最好还是不要打扰孩子。这个阶段的孩子进入学习状态并不容易，如果打断孩子，那么他还需要长时间才能进入状态。

2.一起安静下来

环境对于孩子的影响是很大的，如果父母娱乐的话，孩子很难不受吸引。想要孩子专注于一件事，安静的环境是非常有必要的。所以作为家长，不如给孩子起一个带头领导作用，比起看电视剧，不如充实一下自己的头脑，看看书、看看报纸，这样，一来为孩子提供了安静的环境，二来也潜意识地影响了孩子，更容易让孩子集中注意力。

当然了，作为家长，最好看一些知识性的书，不要看那些容易吸引孩子的杂志比较好。

3.经常带孩子到公共学习的场所感受一下

如果有时间，并且有可以去的图书馆等公共学习场所，家长可以经常带孩子去一下，让孩子切身感受安静学习、专注学习的场景和氛围，这对孩子控制自己的学习及做事行为有很大的帮助。

不要一直"追"孩子

关键词

催促　焦躁　耐心自己安排　弹性时间

指导

　　对于孩子，父母们无不抱有很高的期望，于是当看到孩子表现不佳时，心情就难免焦躁。因此，不管是面对孩子的学习，还是其他方面，父母们总是嫌孩子太拖拉，为此就不断地催促孩子"快点，快点，再快点"。可孩子却往往被催得不知所措，甚至心烦意乱。

　　作为父母，要知道，处于成长发育期的孩子，注意力方面的能力还不完善，当他专心做某一件事情的时候，他就只能做那一件事，如果父母总是不断地催促孩子快一些，那么孩子的大脑就跟上了紧箍咒一样，被这道"催命符"催得透不过气，而且，他的思路、行为都会因此而受影响，注意力自然就被打乱了。这样一来，孩子原本要做的事情还没做完，注意力又被转移到新的事情上。这显然不是父母所期待的结果。

案例

诚诚是个细心的孩子，但是他也有一个毛病，就是慢性子，什么都不着急，这让诚诚妈伤透了脑筋。做作业的时候，诚诚有时写着写着就出神、发呆，要么就咬笔头，看着都着急，做其他的事情也一样，总是三心二意的，诚诚妈决心改掉孩子的这个习惯。

从那之后，诚诚做什么事情，妈妈都像个闹钟一样，时刻催着诚诚。就拿诚诚写作业的时候来说吧，他妈妈总是跟盯梢一样看着诚诚，老跟诚诚念叨："就给你一个小时的时间啊，你必须完成，要是到时看你没有做完，看我怎么收拾你！"而且每隔十几分钟，他妈妈就催一次。要诚诚做什么事也是一样，总是催着诚诚。

结果呢？诚诚的作业是做完了，但是错漏百出，字迹也非常潦草。妈妈安排的家务活也虎头蛇尾，干得不细心。诚诚妈看见儿子这样非常生气，觉得这是"无声的反抗"，于是又开始批评儿子，说儿子做事不细心。这下好脾气的诚诚也急了，和妈妈理论了起来："你又要我快，又要我做得好，还老是催我。刚有点状态你就催，总也集中不了精神。到底想要我怎么样嘛！"

让诚诚这么一问，妈妈反倒愣住了，仔细想想，好像自己做得也不对。之后妈妈冷静了下来，觉得自己这样催孩子，反而分散了孩子的精力，做事不细心、更拖拉也在所难免了。

技巧

虽说诚诚妈妈一开始的做法不对，但好在很快进行了反思，认识到了自己的问题所在。事实上，的确如诚诚妈妈后来所认为的那样，我们催促孩子，会让孩子有一种压迫感，对于手脑协调能力还不算好的他们来说，或许心理上想要快一些，但手上却快不了。当他们一边想着"要快"，一边去做事的时候，注意力就被分散了，到头来很可能什么都做不好。

因此，聪明的父母绝不会在孩子身边经常制造出一种"紧张气氛"，不会总是催他，而是让他在一种安心的环境中专心地做事，这样他的注意力才会集中在某一件事情上，其专注力也会保持得更久一些。

1.让孩子知道他正在做的是他自己的事情

父母之所以不断地催促孩子，其实是在潜意识里把孩子所做的事当成了自己的事。对于孩子来说，渐渐地，他们也会形成这样的认识，觉得自己是为父母在做什么似的。因此，要想让孩子专心地做一件事情，就要让他内心有个明确的认识：他做的事是他自己的事情，而不是父母的。这样，孩子就会更认真、更专注地去做。

2.给孩子一些"弹性时间"

很多家长都希望自己的孩子能尽早完成手里的事情，但是，孩子的注意力是非常容易被分散的。给孩子订一个时间非常有必要，但是不能将时间段尽可能地缩短，要有足够弹性的时间。这样就能让孩子轻松地完成手中的事情，不至于太着急。

如果家长一味地缩短孩子的时间，这样不仅不能让孩子很好地完成任务，还会让孩子习惯应付了事。这样的影响是非常不好的。可以说，每个孩子都会有出神的时候，我们不能为了防止孩子走神就一直在边上催。这样非常不利于孩子思考。

想要改变孩子做事拖沓的习惯，就要让孩子有时间观念，这并不是催出来的。家长要让孩子明白当日事当日毕的道理，否则做事一样会虎头蛇尾。也就是说，给孩子限定时间是有必要的，但是时间不要限制得过死，要给孩子一定的空间和时间。

3.让孩子自己安排时间

不会有人比自己更了解自己的了。家长可以把设定完成时间的权利交给孩子，家长只需适度提供建议就够了，完全没有必要什么都亲力亲为，连时间都给孩子安排好。孩子不是成人，在做事的时候他或许会有自己的想法，如果全部让孩子按照自己的规条来办，无疑扼杀了孩子个性的一部分。所以，家长可以带着孩子一起安排时间，不过要记住，孩子是主要的，自己只是起到一个辅助作用而已。

4.发现孩子走神，父母可以催一催

尽管我们不提倡催促孩子，但也有例外。有的时候，孩子做某件事情的途中，大脑就开始神游了。这样一来，他自然无法集中精力做事，也有可能无法在规定时间内把事情做好。面对这种情况，父母有必要及时给予提醒，帮孩子把"漫游"的想法给拉回来。

例如，本来孩子写着作业，可因为某种原因出现了愣神的情况，父母看见了，不必上前训斥，只需轻轻咳嗽一声或者敲一敲课桌来提醒他一下即可。有的时候，为了避免孩子产生尴尬的心理，父母可以借着端杯水或者拿个水果，并对孩子说："是不是累了，不妨歇一下，然后再学习。"爸爸妈妈这样做，孩子会感受到自己并没有因为走神而受到责罚，他会因此而感动父母的行为，也就更愿意主动收回心思而继续学习了。

孩子讨厌唠叨的家长

关键词

相信孩子　事先嘱咐　不唠叨　包容

指导

"多吃点蔬菜，身体才好。""作业做完了吗？抓紧时间啊！""在学校好好学习啊，别总贪玩。"注意一下周围，我们总能听到家长嘱咐孩子的声音。但是，随之而来的也许只是孩子的一声声埋怨："知道了，真烦！""好啦，啰唆！"

有的父母在想，自己唠叨是为了孩子更专心地把精力投入到学习中，有的父母觉得自己唠叨是为了孩子能够一心一意地处理生活中的一件件事。

可是，结果怎样呢？面对你的唠叨，孩子们有的紧张兮兮，更加不知所措；有的进行反抗，抱怨父母的唠叨行为；有的甚至破罐子破摔，任凭你怎么唠叨，我依然该怎样怎样。

此时，父母们会困惑：难道自己的爱有错吗？孩子怎么这么不知好歹？

诚然，作为父母，唠叨孩子的初衷大多是为了孩子做事更专心，学习更认真。但是要知道，孩子已经具有一定的独立意识，他们更渴望的是父母"理解"性的爱。

案例

在一次为女儿打扫房间的时候，陈女士无意中看到了女儿在某课外书的扉页上，写着这样几个字：唠唠叨叨，烦死人！

顿时，陈女士感到很震惊，她迅速在大脑里回想女儿所指的对她唠唠叨叨，让她烦死人的人到底是谁呢？很快，陈女士就明白了，这个人很可能就是自己。因为自从女儿上了小学三年级之后，由于课业负担加重，自己经常要在学习方面对她进行一些嘱咐，比如："今天留了多少作业呀？""作业写到什么程度了？""一直拖后腿的语文有进步没有，可要在这方面多下功夫哦！"……类似的话几乎每天都要说，因为自己太希望女儿能够在学习方面认认真真，考出好成绩了。

可没想到，自己的一番好心却换来女儿的不满，更让陈女士内疚的是，女儿没有当面和自己对抗，而是通过书写不满情绪的方式自己消化。

经过一番认真地反思，陈女士决定，以后要尽量少唠叨女儿，只给予适当的提醒就可以了。

技巧

像陈女士这样的家长在我们的生活中并不少见，我们抱着让孩子认真学习、考出好成绩的心态，总忍不住在发现孩子做得不好时唠叨几句。虽说父母的这种做法是出于爱孩子的心理，但我们也不要忘了，我们的唠叨在大多数情况下，实际上是在表达自己的心情，却忽略了孩子的感受。这样一来，孩子的思想就会变得混乱，也就不知道如何做事好了。

作为父母，对于孩子一定不能持有急功近利的思想，一心想让孩子出类拔萃，正确的做法是多包容和理解，要知道，处于生长发育期的孩子，他们的大脑发育还不完全，他的注意力本来就很难保持较长时间。另外，孩子对于信息的接收和处理能力也远远没能达到成年人的水平。所以，出现各种失误和问题也就在所难免。因此，我们不可只凭自己的感受就要求孩子一定要达到某种程度。

其实，孩子随着年龄的逐渐增长，对于很多问题会渐渐明白，用不着父母反复提醒。否则，孩子就会闹情绪，不但不理解父母的心意，反而会产生不满和叛逆心理。

由此说来，要想培养孩子良好的专注力，我们就要尽可能避免这种无意义的唠叨，给孩子一个安静做事的空间，让他按照自己的计划去处理各种问题。

1.放弃家长的权威，做孩子的朋友

同样的心意，用不同的方式和态度表达出来，带给孩子的感受就会大不一样。如果我们以命令的方式来要求孩子，那么孩子就会觉得大人不尊重他，因此他也就不愿意配合。如果我们能够在态度上待孩子如朋友一般，那么就更容易走近孩子，从而更好地了解他的感受和思想。这样，孩子在学习和做事过程中，才会因为内心的平静而更加专注。

2.尽可能把要求一次性告诉孩子

家长们在孩子学习和做事的过程中，常常不惜花费精力全程陪伴，一旦发现孩子什么地方做得不好或者不对，就赶紧给予指点和提出要求。其实，这种中途打断孩子的方式很要不得，这会让孩子中断自己的思路，注意力自然也会跟着转移。因此，在孩子做事情之前，我们最好事先把问题考虑周全，提高自己的预见性，尽可能一次性把要求告诉孩子。而不至于在孩子做事的过程中反反复复进行唠叨，妨碍孩子注意力的集中了。

3.包容孩子做事过程中出现的错误和不足

即便是成年人，也无法保证把事情做得毫无纰漏，孩子们心智尚不成熟，就更容易出现一些差错和问题。对此，如果父母无法容忍，止不住地唠叨孩子，那么孩子的注意力就很容易被唠叨声分散，以至于不知道怎样才好。

因此，我们建议家长们，对于孩子出现的一些失误和犯的一些小错误，最好持有一种宽容大度的态度，孩子自己会渐渐领会的。即使一定要指出来，也要在事后再说，而不要中途打断他。否则，孩子不仅注意力容易分散，而且还会因此丧失信心。

4.相信孩子，不要小看孩子的理解力

不少父母认为，作为孩子的家长，就是要时时刻刻观察孩子、叮嘱孩子的，不然的话，就是不称职的父母，而且孩子也会容易出现疏漏和错误。于是，他们就会不停地在孩子耳边唠叨。

表面上看，我们这样做是关心和体贴孩子，但实际上，孩子的思路往往就在这一次次的唠叨声中给打断了。要知道，孩子自身也是想把事情做好的，所以他也会认真考虑父母所提到的问题，比如在做作业方面，父母在之前告诉孩子"要先读懂题目，然后认真作答，最后再仔细检查"，相信大部分孩子都能很清楚地理解父母所说的意思，自然也会提醒自己按照父母所说的去做了。

要相信孩子，别扮演 "警察" 角色

关键词

陪读　负面影响　不打扰　多表扬

指导

　　从孩子放学到晚上睡觉，很多家长都是全程陪伴，全程 "监控"。放学回家的路上自不必说，孩子做作业的时候、读书的时候，家长也会坐在一旁守着，生怕孩子不认真，或者担心孩子哪里不懂，自己好及时为其讲解，或者还有其他什么原因，总之，这些家长勤勤恳恳、任劳任怨、一心一意地陪着孩子做这做那，简直就是一个 "陪读"。

　　毋庸置疑，家长们都是出于对孩子的关心和爱护才这样去做的，但是这样的做法对于孩子专心致志地学习就一定有帮助吗？

　　在此，不得不遗憾地告诉这些父母，答案是否定的。

案例

为了让儿子能够学有所成，从上幼儿园大班开始，龙龙的父母就轮流陪同儿子做功课了。现在龙龙已经上小学四年级。这也就意味着，爸爸妈妈在做功课的事情上陪同了他 5 年之久。

在最初的两三年里，因为父母的陪伴和指导，龙龙的学习果然不错。这样的结果令爸爸妈妈很是欣慰。可是，自从上了四年级之后，龙龙的各科成绩均出现了下滑趋势。一时间，龙龙的父母找不到出现这一情况的原因，他们唯一能联想到的，就是儿子自己学习不用功导致的，因为他们可是始终如一地陪伴孩子做功课，并时不时地督促孩子。

当他们把这一想法和龙龙交流之后，没想到引来了龙龙这样的回答："我现在不是小孩子了，我做功课的时候不希望旁边站着'警察'。以前你们陪我做功课，指导我，那是因为我还小，现在我长大了，你们再像以前那样对我，我会很容易分散注意力，功课当然做不好了。"

技巧

故事中的龙龙因为不喜欢父母监督而导致注意力分散，显然这和父母的初衷是相背离的。看完这个故事后的你，是不是也恍然大悟：原来陪孩子做作业还有这样的害处！

的确，在我们现实生活中，陪伴孩子做作业的家长实在太多了，他们甚至把这看作一个理所当然的任务。在这些父母看来，自己懂得比孩子多，可以及时地给孩子一些指导。而且自己在孩子身边，孩子就会因为受到"监督"而更加专注。

可实际上，事实并非如这些父母所想的那样。孩子掌握本领是一个循序渐进的过程，如果家长巴不得一口吃个胖子，那么孩子就会招架不住巨大的压力，从而对学习产生厌倦。另外，因为有父母在身边，孩子就会把注意力集中在父母身上，唯恐自己的行为违反父母的规定而受批评，这样反倒是分散了注意力。

所以说，父母应该信任自己的孩子，让他从小学会对自己负责，养成独立完成作业的习惯。要知道，当我们充分地信任孩子，让孩子独立学习，那么他就会养成独立分析和解决问题的能力，也更有益于培养起专注力，使其形成稳定的注意品质。

1.培养孩子和学习的"感情"

有些孩子会错误地认为，自己学习是为了爸爸妈妈。带着这种"负担"进行学习，那么孩子就很难对学习产生浓厚的兴趣，也就不会投入到学习中去。要改变这一点，我们就要让孩子和学习建立"感情"，这样他会把学习当成是自己的事，做功课的时候也就容易独立完成了。

当然，如果孩子在学习过程中遇到了困难，家长还是有必要提供帮助的，但只需进行讲解和启发诱导即可，鼓励孩子自己去思考和解决问题，寻找答案，而千万不要包办代替。

2.引导孩子学会自我管理

大多数的家长都会给孩子无微不至的关怀，虽然家长的用意在于让孩子把更多的精力投入到学习当中，但是，孩子却不能理解。再加上父母的"陪读"，就会让孩子形成一种"安全感"，过分依赖父母，自己对一切事情不闻不问。结果，一旦父母有疏忽，或是离开父母，自己就无法生存。

所以，父母一定要引导孩子学会自我管理，包括管理自己的生活、学习以及情绪。例如，在孩子睡觉前，要求他收拾自己的房间、整理书包；在孩子离开家门时，让他自己关好门窗，同时为宠物留好食物，等等。只有这样，孩子才能学会控制自己、约束自己，养成良好的习惯和规则意识。

3.把自主权还给孩子

孩子从抄作业题目、规划如何完成作业，到完成作业都有一套自己的思维流程。比如，语文、数学、英语三门课都有作业。父母可能会建议孩子先做语文，因为语文比较简单；再做数学，以便发散一下思维；最后做英语，因为英语要多放点时间来学习，英语很重要。

但孩子会根据自己的理解来决定先做哪一门，后做哪一门。比如说，孩子认为英语课没有新知识点，要先完成；数学课讲了 3 个新知识点，要压后再做，好全力解决。

4.放手让孩子自己去思考

很多父母反映，孩子不懂的东西太多，不进行辅导是不行的。但是，孩子在学习的道路上碰到一些"拦路虎"，是在所难免的。没有人是全能型人才，也很少有人是百事通，更何况是还没有处世经验与生活经验的学生，学生本身就是处于学习"生"的东西的阶段。

当孩子遇到困难的时候，父母不要"皇帝不急太监急"，直接给出答案，而是要巧妙地引导孩子自己去思考答案。很多父母都习惯于帮助孩子解答疑惑和难题、帮助订正错误，甚至梳理知识点、带领预习等，可长期在这样的家庭教育下，孩子会渐渐形成依赖的心理，丧失了独立思考的能力。父母应该放手，让孩子自己去思考，让孩子形成自己的思考逻辑，让孩子将来在社会上表现得更睿智。

好孩子不是批评出来的

关键词

聆听　自尊心　解释

指导

　　在一些家长看来，孩子做错了，自己批评孩子是天经地义的。我们不否认，家长对孩子进行批评，绝大多数时候都是为了让孩子认识到自己的不足，好加以改正。但是，很多家长却忽略了，批评也是要讲究方法的，需要注意时间和场合，不能经常性地不分场合地批评孩子。

　　虽然大多数家长批评孩子意在教导，希望孩子能够修正自己做得不好的地方。但部分场合，时刻批评孩子的做法更容易带来副作用。孩子正在发育时期，无论身体还是心理，都是一个成长的过程，需要保护，父母的批评很可能让敏感的孩子心理受伤，变得胆怯，潜意识逃避会让孩子的注意力分散。

　　除此之外，批评还有可能造成孩子的叛逆，不利于父母教育的顺利实施。

案例

东东是个 7 岁的孩子，和周围那些活泼开朗的孩子不同，他总是一副忧郁的样子，不喜欢说话，也不喜欢和大家玩闹。事实上，这并不是东东原本的性格。小的时候，东东是一个非常调皮的孩子，认识他的人都会说东东以后肯定是"淘气大王"！但是东东却渐渐变了，不再是以前的样子了。

究其原因，离不开他的家庭教育。东东的父母在东东还小的时候就在考虑，东东是个男孩子，又比其他的孩子淘气，为了以后好管教，他的父母采取了"批评政策"。只要东东犯一点错，不论时间地点，他的父母都会严厉地批评他。

刚开始东东还没什么，说了之后确实管用了，但是父母总用这种方法，东东就渐渐变了样，渐渐地成了父母的"提线木偶"，为了不被批评，什么都按照父母的意愿去做。在给东东报特长班的时候，东东根本就不愿意参与意见，因为他知道父母不喜欢他敲敲打打的，要是说自己想学架子鼓，一定会被批评的。

就这样，东东越来越沉默，笑的时候越来越少，他的忧郁根本就不像一个同龄的孩子。甚至有时问他什么他都不愿意回答。这个时候东东的爸妈才意识到问题的所在。

技巧

东东的爸妈遏止了儿子的淘气，同时，也无情地抹杀了孩子的天性。孩子正在发育当中，对周围的一切都充满了好奇，因此很容易犯错，这其实是可以理解的。作为父母，应该要传授孩子常识和知识，而不是过多地苛责孩子，在孩子做错事情的时候，要学会引导，而不是批评。

动不动就批评孩子，会让孩子感觉委屈，因为很多时候，孩子的世界观、价值观和人生观都不健全，需要大人们的培养。更重要的是，孩子的自尊心也很强，如果父母一味地批评孩子，很容易让孩子变得自卑、唯唯诺诺，注意力不集中。

1.不要因为批评而伤害孩子的自尊心

孩子做错了事，他们自己也会不开心，甚至常常处于悔恨之中，不知所措。此时，父母批评孩子时，应先对其做得好的方面给予肯定，然后再指出做得不对的地方，要让孩子知道家长不是光把眼睛盯住他的错处。批评孩子错处时，只谈眼前做的错事，不翻旧账，以前的事已经批评过了就应该"结案"了，不能老是记着孩子以前不好的地方，让孩子觉得在父母面前永远无法翻身。这样很容易损伤孩子幼稚的自尊心，孩子从内心里就会不接受这种批评。

2.教孩子冷静虚心地接受批评

有时候，对孩子有必要进行一些批评。但为了避免孩子无法正确认识批评，父母有必要对孩子进行相关的教育，让孩子学会接受批评的合理成分。我们还要教孩子学会掌握一些"冷处理"的技巧。比如，不要对批评者反唇相讥，不要"自卫还击"，不要夸张等；相反，应在认真倾听的基础上，冷静地分析出尽可能多的合理成分。

3.允许孩子在接受批评时作出解释

如果批评不符合事实，也应允许孩子作出自己的解释。告诉孩子，给他解释权，目的绝不是推卸他所负的责任，而是要他实事求是地面对。如果你强硬地要求孩子改正错误，孩子心里不服，他就会虚假地答应你，表面上接受了你的批评，但心里感到受了很大的委屈，这对他接受你的批评没有任何作用。

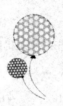

不要轻易打断孩子的思路

关键词

横加制止　痴迷　纠错　统筹安排

指导

　　对孩子来说，自己所看到的、感知到的这个世界充满了神秘感。他试图不断地去探索和体验，以打破这种神秘。可是有些父母对此并不理解，他们觉得孩子一天到晚不知道瞎想些什么，对于孩子的一些探索活动，经常横加制止。还有些父母在日常生活中，经常随意打断孩子正在做着的一些小事。在这些父母看来，这种做法无关紧要，不会对孩子造成什么损失。其实不然。父母的类似做法对于孩子探索未知世界和专注力的培养都大有危害，对于孩子健康、快乐地成长大有危害。

案例

多多是个 10 岁的小男孩，活泼好动，好奇心旺盛。他总是有无数个为什么，要不然就是跑来跑去，这让他妈妈非常苦恼。

多多总是静不下心来，无论妈妈怎么管，效果都不好。有一天，妈妈下班回家，发现多多竟然没有像往常一样冲过来，抱着自己问这问那，这让她感到疑惑不解。在家里找了一圈，最后终于在房间的角落里看到了多多。

此时的多多正蹲在墙角，聚精会神地观察着什么，走近一看，原来是一群蚂蚁，在运送一只苍蝇的尸体。而多多呢？还一边吃着面包一边给这些蚂蚁扔面包渣。妈妈感到非常气愤："你离远一点，多脏啊！一会儿咱们要去奶奶家吃饭，你马上把这些给我打扫干净！"

没想到一会儿过来多多还是没有动弹，妈妈彻底发火了！一把扯过多多就打了他几下。多多感到非常委屈，自己只不过好奇蚂蚁喜欢吃些什么而已，为什么妈妈就生气了呢？

技巧

多多妈的做法确实欠缺理智，但是也不是不能理解，因为有的时候孩子就是这样，沉浸在自己的世界里完全不管不顾，无论你说什么，孩子都没有回应，只是关心自己注意的事情。而且，大部分时候，孩子所关注的事情都是我们不能理解的。

其实，分析开来之后，就发现事情并不如我们想的那样糟糕。孩子有一双探索的眼睛，对于我们来说是常识的事情，也许对他来说非常新奇。这是难得的学习机会，不如让孩子的好奇心引导孩子找到答案。

每个家长都希望能够培养孩子的专注力，这时其实就是一个非常好的机会，只是大多数的家长觉得孩子在浪费时间，所以打断了孩子。这样的做法是非常错误的，因为这样做会中断孩子的思考，不利于孩子专注力的培养，而且也压制了孩子的天性。

所以，作为家长，还是要支持孩子探索世界，更要利用孩子的好奇心培养孩子的专注力，而不是打断孩子。具体来说，可以按照以下几点来进行。

1.事先做好统筹安排，让孩子知道接下来需要做的事

如果父母能够事先给孩子一个计划，安排好一些事情，这样就不会发生和孩子冲突的事件了。其实大多数时候，父母上前打断往往并不是因为多重大的事，而多是一些小事，比如该吃饭了，孩子却还在玩拼图。为此，父母就不断地打断孩子，告诉孩子再不来饭菜就凉了，要赶紧吃饭，等等。可实际上，孩子玩兴正浓，被父母打断，眼看着就要拼好的图版无法正常进行，这对孩子来讲是很恼火的事情。

当遇到这样的情况，我们建议家长在孩子做某件事之前，提前告诉孩子接下来需要做的事。比如，在孩子准备玩拼图之前，父母可告诉他，只有 10 分钟玩拼图的时间，10 分钟后就要吃饭了，希望他能按时吃饭。这样孩子心里就有了比较充分的准备，当他玩拼图的时候，就会把握好分寸。这样一来，孩子便可在限定时间内全神贯注地投入到拼图游戏中，到了约定的时间，他也不会因为家长的骤然打断而感到遗憾和气愤了。

2.让孩子自己做选择

在孩子学习或者做事的过程中，如果父母时不时地进行一些安排，比如告诉孩子接下来该做什么了，下面需要注意什么了等，那么孩子可能产生逆反心理，以至于坚持不下去。假如父母敢于"放手"，让孩子自己为自己的行动进行安排，那么孩子就会有更浓厚的兴趣和更强的责任感投入到他所做的事情中去。这样一来，孩子自然更专心一些了。

3.别在孩子耳边念"紧箍咒"

在孩子做一些事情的时候，在一旁的父母往往比孩子还要着急，一会儿说孩子这里做得不对，一会儿说孩子那里需要纠正，总是不断地唠叨、催促孩子

"不要这样做，而应该那样做""做快点，不然就落后了"等等。

这样一来，孩子必然无法集中精力做事。因此，当孩子正在投入到学习或其他活动中的时候，不管他的想法好还是不好，只要没大碍，父母最好不要给他上"紧箍咒"，而应该尽量让孩子专心地把一件事做完。

4.不要急于为孩子纠错

孩子做事的时候，难免会出现错误。不少父母急于为孩子纠正错误，就忍不住打断孩子。比如，当孩子正在做数学题的时候，出现了一个小小的失误，最终必然导致得数的错误。这时候，父母就会打断孩子，纠正他错误的地方。

在父母看来，认为这样做是为孩子好，是帮助孩子及时改正错误。殊不知，自己的这种行为，实际上是打断了孩子的注意力。正确的做法是，先让孩子一心一意地去做完，到最后如果孩子没有发现他的失误之处的话，父母再给孩子指出计算过程中的错误。如此，父母既帮孩子纠正了错误，又不会使孩子的注意力受到影响。

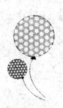

保证孩子拥有充足的睡眠

关键词

充足的睡眠　避免亢奋　舒适的环境　合理安排 放松

指导

　　我们都知道睡眠的重要性，睡眠对于孩子来说尤为重要。因为我们的身体需要休息，而睡眠是使身体得以充分休息的最好方式。对于紧张地学习了一天的孩子来说，脑细胞经过了大量的消耗，已经非常疲劳了，如果无法得到及时而充足的休息，那么孩子的注意力就会有所下降。同时，睡眠也是生长素分泌最多的时刻，没有良好睡眠的话，孩子的生长发育及身体健康也会受到影响。

案例

乐乐已经上小学五年级了，原本的他聪明伶俐，又活泼开朗。但是自从升入五年级之后，乐乐就变了。他经常在课上的时候出神，心不在焉，即使老师提示，他也不能长久保持状态。下课之后，他也不像以前那样和小朋友们闹成一团，时常趴在课桌上，蔫蔫的样子，要么就是出神地望着窗外。

据乐乐的班主任所知，他的家庭环境很好，家庭氛围也非常和谐，父母非常重视孩子的学习。那乐乐是因为什么原因才有了这些变化呢？

原来，升入五年级之后，学习任务一下子就变得繁重了。因为面临小升初，乐乐的爸妈都希望儿子能够升入一个重点初中。所以在课余给乐乐布置的作业加重了。以前虽然父母也给乐乐布置一些课外任务，但都具备趣味性，而且量不大，乐乐也很喜欢。

可是升入五年级之后，父母就采用"题海"战术了，想让乐乐在最后一年冲刺一把。有时乐乐做课外作业要到晚上 11 点，乐乐困得直打瞌睡，但是父母还是劝乐乐再坚持一下。有时候过了时间，乐乐反而睡不着了，翻来覆去，入睡很晚。

更加让乐乐难以接受的是，从他升入五年级开始，父母就给他摆了一个倒计时牌，闹得乐乐紧张不已，有时候晚上做梦都梦到考试！到了第二天，根本没有精力，想注意听讲都做不到了。

技巧

无疑，乐乐所出现的状况，是由于缺乏充足的睡眠引起的。就这一点来说，他的父母责任重大，如果他们对此问题仍旧不予以重视的话，那么势必给乐乐的身体和大脑发育带来一定的伤害，到时候可能就不仅仅是注意力不集中的问题了。

一般来说，孩子比成年人更需要睡眠。一个成年人一天需要 7~8 个小时的睡眠，而孩子对于睡眠的需求量要高出一些，并且在不同年龄段孩子对睡眠的需求也不一样。3~6 岁的孩子，应该保证一天 11~12 个小时的睡眠；7~9 岁的孩子，一天要有 10~11 个小时的睡眠时间；12 岁以上的孩子，要保证一天至少 9 个小时的睡眠时间。

作为父母，要想让孩子集中注意力，能够专心致志地听课、做作业，并且拥有健康的身体，那么就必须让孩子保证充足的睡眠。

1.不要剥夺孩子的睡眠时间

孩子正是长身体的时候，这个阶段一定要保证孩子的基本睡眠时间。有的家长认为，孩子面临升学，应该要抓紧时间学习。但是，如果剥夺了孩子休息时间的话，那么就会起到副作用。不仅学习效率不高，还会影响孩子第二天的学习。

通常情况下，孩子身体生长素分泌最旺盛的时候是夜晚 10 点钟，所以家长应该保证孩子在 10 点的时候已经进入深度睡眠状态。不可以因为孩子的学习或是其他原因剥夺孩子睡眠的权利。

2.睡前不要快节奏

有的孩子在睡前几分钟都在看书，当然，很多时候是应了家长的要求。实际上，这样非常不利于孩子的睡眠。虽然孩子的学业可能比较繁重，面临着升学压力。但是，高效的学习是最为重要的，并不代表长时间的学习就能让孩子的成绩有所提高。而且，孩子很难保持长时间的注意力。

除了学习，在睡觉前也不应该要孩子做剧烈运动，否则在躺下之后孩子仍旧处在兴奋状态，不容易入眠。也不要为了补充孩子的营养，让孩子吃很多东西，或是让孩子尽情放松，这些都不利于孩子的睡眠质量。

睡觉是个慢节奏的事，试着调整节奏，让孩子能够自然而轻松地入眠。

3.将脑袋掏空，轻松入睡

有的家长习惯让孩子在睡前思考一下所学的东西，实际上这样做是不好的。尤其是考试前，孩子精神本来就容易紧张，要孩子睡前做这件事，不利于孩子身心的放松，不利于孩子进入深度睡眠，还有可能让孩子多梦。

睡前的刺激对孩子的睡眠质量有着很大的影响。早上是头脑最清醒的时候，所以不妨告诉孩子，在早上回忆学过的知识。晚上睡前将脑袋掏空，什么也不想，这样才能一夜好眠。

孩子的营养不能马虎

关键词

饮食均衡　食品卫生　远离垃圾食品

指导

对孩子来说，要想有一个健康的身体，似乎没有什么比睡眠和饮食更重要的了。这两点其实对任何人来讲都非常重要，它们事关人类的生命安全和生活品质。对于正处在成长发育时期的孩子们来说，只有拥有健康的体魄，才能有旺盛的精力、灵活的头脑和高度集中的注意力。而这一切，离不开健康的、营养丰富的饮食。

可是，并没有哪一种食物可以保证孩子所需的全部营养，所以父母们在给孩子准备食物的时候，有必要注重食物的搭配，尽可能为孩子提供营养全面而均衡的食物，以保证孩子的大脑有充足的"营养"供给。

案例

壮壮是个7岁的小男孩，他的身体就跟他的名字一样壮实得很。而大他一岁的表哥飞飞却像个小病号似的，时常往医院跑。

每次和壮壮妈妈聊起来，飞飞的妈妈都羡慕不已，为此他们也没少跟壮壮的妈妈"取经"。

壮壮的妈妈告诉飞飞的妈妈，孩子的饮食一定要种类丰富，每天都尽量保证适量的动植物蛋白、淀粉、维生素的摄入，也就是肉、蛋、奶还有蔬菜及主食都要吃一些。

起初的几次，飞飞妈妈虽然照做了，可禁不住飞飞挑食，所以妈妈总也拗不过他，到最后就由着飞飞来，"营养餐"也就无法坚持下去了。

直到后来，飞飞的老师发出警告，说飞飞不但身体状况较弱，而且连上课都很难集中注意力。老师建议飞飞妈妈带孩子去看一下医生。飞飞妈妈这才彻底警醒，她下定决心，以后不管什么原因，都不能让儿子再挑食了。

于是，她又按照之前壮壮妈妈告诉她的方法进行操作起来。这一次，她从网上下载了很多食谱，一点点地学习，一点点地实践。虽然飞飞还是经常挑食，但妈妈没有妥协，而是循循善诱地告诉他："只有吃得好，身体才能好，听课也才能更集中精力，成绩也才能提高。"经过妈妈半年多的努力，飞飞的挑食问题终于有了明显的好转。与此同时，他上课听讲也不再像以前那么爱走神了。老师发现这一情况后，还夸奖了飞飞，并表扬了飞飞的妈妈做得好呢！

飞飞的妈妈通过坚持不懈地为孩子做营养丰富的饭菜，并教导孩子注意饮食的均衡营养，使得飞飞从一个爱挑食、身体弱、注意力不集中的孩子变成了一个不挑食、身体好、集中注意力的孩子。这一点值得很多父母学习。当然，事例中壮壮妈妈一开始就注重孩子营养均衡的做法更值得我们借鉴。

技巧

父母们都清楚，对孩子来说，他们身体的健康是比什么都重要的事，而要保证身体健康，饮食均衡是必不可少的。

如果你因为孩子身体状况差、注意力不集中、反应迟钝等而焦虑，那么不妨学一学事例中壮壮和飞飞的妈妈，高度重视起孩子的饮食来，为孩子提供营养丰富、味道鲜美的饭菜吧。这样，你的孩子才能有一个健康的身体，也才能有更好的专注力。

1.为孩子合理安排一日三餐

父母们除了要给孩子提供营养全面的饮食之外，还要合理安排他的一日三餐，这样才能保证孩子的饮食更健康、更安全，也才能为孩子生活品质的提高、专注力的塑造提供有力保障。

通常来说，孩子的早餐要营养丰富，保证他能够吃好。这样既能够保证孩子的身体在长时间休息后获得充足的营养，又能够提高其大脑兴奋度，有助于其注意力的集中；孩子午餐的安排，需注意一定要准时，并且不要过饱，否则会影响孩子的午休，导致其下午没有精神，无法集中注意力；至于晚餐，同样要注意时间的安排，而且要简单，尽量为孩子提供容易消化的食物，以免因为消化不良而影响晚上的休息。

不仅如此，父母在做饭的时候，一定要注意饭菜的干净卫生，尽可能不给孩子吃外面售卖的半成品食物，以免因为饮食不卫生而导致孩子生病。

2.卵磷脂和不饱和脂肪酸的摄入不能少

在人的脑神经细胞中，卵磷脂占到其神经总量的17%~20%，对于提高脑细胞的活性化程度，提高记忆力和记忆水平有重要影响。在大豆、蛋黄、蘑菇、山药、木耳、动物肝脏等食物中存在较多卵磷脂。父母不妨适当为孩子准备一些上述食物。

不饱和脂肪酸是构成我们人体的一种必需的脂肪酸，它是大脑和脑神经的重要营养成分，摄入量不足的话，会影响人的记忆力和思维能力。

因此，在日常生活中，我们一定要注意给孩子多吃一些富含不饱和脂肪酸的食物，如坚果类食物花生、瓜子、核桃等。

3.为孩子多补充些葡萄糖和富含维生素的食物

人的大脑要想正常运转，需要有大量葡萄糖释放出来的能量。但是孩子的葡萄糖储量较少，所以，相对于成年人来讲，他们更易产生疲劳感，专注力也就更容易分散。所以，我们要在日常饮食中，注意给孩子补充必要的葡萄糖。

除此之外，维生素 B、维生素 C、维生素 E 等营养成分也是孩子大脑发育及运转所必需的。所以，我们还要为孩子提供各种富含维生素的食物。这些食物包括：苹果、葡萄、柠檬、菠萝、香蕉、橙子、猕猴桃、胡萝卜、西蓝花、芹菜等。

4.让孩子远离垃圾食品

有些食品毫无营养价值，却深得孩子们的青睐，比如冰激凌、方便面、炸薯片、各种各样的膨化食品等。这些食品往往含有大量的添加剂，而且含油量也较大，对孩子身体的成长发育是没有任何好处的。所以，要想让孩子身体好，父母要尽量不要让他进食垃圾食品。最好的方法是，让那些既营养丰富，又香甜可口的水果来替代，比如奶酪、奶片、酸奶等，这些食物不但有益于孩子的身体健康，而且也是孩子可以食用的健康食品。

把孩子从闭塞的空间解放出来

关键词

热爱大自然　身心放松　游山玩水

指导

孩子是属于大自然的，当他们投入到大自然的怀抱中，身心都会得到放松，清爽的空气，宽阔的视野，都能让他们感受到和城市里不一样的美妙。更重要的是，这会使孩子有效提高记忆力，还可以改善其专注力。如果成天把孩子关在屋子里，容易让孩子在枯燥乏味的生活中变得郁郁寡欢，这对他的身心发展是很不好的。

大自然中空气新鲜，含氧量高，对于人体新陈代谢有很好的促进作用，而且还有助于大脑的兴奋度的提升。如果爸爸妈妈们经常带孩子走进大自然，去大自然中散步、爬山、观水、踏青等，那么孩子的身体和大脑都会得到净化和更新，这对于其注意力的提升是很有帮助的。

美国著名教育家卡尔·维特就非常推崇让孩子多接触大自然的做法，在他的儿子小卡尔成长的过程中，他经常带着孩子投入大自然的怀抱之中，让孩子在自然界中尽情徜徉。

案例

每个节假日，我都会抽出时间来陪着小卡尔到田野里走走。每当走在田间小路上，小卡尔都会欢蹦乱跳，很兴奋。他对大自然的好奇溢于言表。在田野里，小卡尔总会一个接一个地问问题。有时候他站在一朵花前面使劲喊："爸爸，快来看啊，这朵花，我第一次看到呢！"

我知道，这是孩子强烈的好奇心在起作用。我会蹲下来和他一起讨论这朵花，给他讲解花蕊、花萼和花粉等方面的知识。每一次，他都专心致志地听我讲解，对于一些问题，他还会认真地研究一番呢！

经常，就在这清新淡雅的花香之中，小卡尔了解到了有关生物学及动物学的知识。在我和小卡尔看来，这种方法比孩子在课堂上照本宣科的教学方法有意思多了。

有时候，我们在小溪边，遇到一些漂亮的石头，我会协助小卡尔砸开某一块，使矿物学这门一般人听起来就"头大"的科目变得简单有趣起来。

正是通过和大自然的亲密接触，小卡尔丰富了自己的知识，培养了对大自然的热爱之情和对自然科学的浓厚兴趣，更为重要的是，他学习和做事的时候更加专注，更加有耐心了。这在我看来，是足以欣慰的事了。

技巧

卡尔·维特先生用大自然这个现成的"老师"为孩子带来了很多有趣的知识，

同时还让孩子的专注力有所提升，可谓是多多益善的好事。

可是，看看我们周围，由于孩子经常奔波于各种学习班，失去了很多游玩的机会，更别提感受大自然了。即使偶尔到了户外，他们也往往因为"不熟悉"而无法与大自然亲密接触。

这样一来，孩子的好奇心和探索欲望就会受到抑制，独立能力和创造能力也无法正常发挥，自然而然地，注意力也会随着头脑的日益懒惰而不断下降了。

此类情况肯定是父母们不愿意看到的。既然如此，那么就多抽出些时间带孩子到户外走走看看吧，不要总给他报这种班那种班了。请相信，在美好的大自然中，孩子会找回在其他地方无法感受到的快乐，他的头脑也会越发清醒，他的思考力和注意力也会有所提升。

1.周末的清晨可带孩子到户外做运动

一些孩子每到周末就窝在家里，早上不起床，白天不出门，晚上熬夜玩。这样的状态对于孩子放松身心并没有多大好处。与其早上赖被窝，不如去家附近的公园或者绿化不错的社区活动一下。这样一来，孩子休息了一晚上的大脑就会被唤醒，进而进入良好的工作状态。不但如此，经常带孩子到户外做运动，还能提高其身体素质。要知道，健康的身体可是会为注意力的集中提供帮助哦！

2.有计划地领着孩子到公园、动物园等有意义的场所

孩子们大多喜欢动物，所以动物园常常是他们喜欢去的地方。家长应该选择时间领孩子去参观，并且在每次参观的时候给孩子安排不同的讲解题目，以此来逐渐提高孩子的讲解水平。当孩子专心地听大人讲解的时候，一方面使他获得了知识，另一方面，也使孩子的注意力得以提升。

在此，有必要提醒一下，有的孩子从小害怕动物，一进动物园就紧张，什么也不敢看，这时特别需要父母的耐心帮助，逐渐消除其紧张感，丰富这方面的知识。

3.引导孩子爱护大自然

自然带给我们很多美好的感受，我们应该教导孩子，要和大自然做朋友，爱护大自然。其实，爱惜和维护大自然的过程，对孩子来讲也是一个很不错的锻炼过程，比如和孩子一起去植树，孩子就会认真地挖土、浇水等，这不但有助于孩子增强对大自然的责任感，而且有助于提高他的注意力。

棍棒教育过时了

关键词

棍棒教育　放下身段　理解　倾听

指导

面对孩子无法集中精力做事的现象，很多父母非常气恼，无法忍受孩子思想上"开小差"，言语教导没有明显效果后，便会采取一些暴力手段来制止和惩罚孩子，不是严厉地斥责、批评孩子，就是对孩子拳脚相加。

这些父母多是采用老一辈父母的观点，他们没能认识到对孩子的教育还有这么多的技巧和方法，只是错误地认为孩子不能集中注意力时，就用棍棒教训，让他受疼，那么他就会记住皮肉之苦，以后就不犯同样的错误了。

然而事实真的是这样的吗？一味推崇"棍棒教育"的父母们真的取得了预期的教育效果了吗？孩子被我们这样对待之后，就能变得专注起来吗？事实上，却并非如此。

案例

周末的一天，可可正在房间里看书，忽然听到小区花园里传来一阵喧闹声。出于好奇，孩子从窗口向外望去，只见楼下聚集了很多人，还有一辆车停在中间。可可心想，可能是发生什么事了，她决定看个究竟。

就在可可聚精会神地看楼下的状况时，妈妈进入了可可的房间，给孩子端来一盘水果。妈妈见可可正在朝窗外看，而写字台上还摊开着未完成的作业本，火气一下子上来了，不由得对可可大吼一声："你怎么这么不专心，不好好写作业，去看什么呢？怪不得每次你做作业都这么长时间，原来是三心二意呀，看我不收拾你！"说着，可可妈妈就抬起手臂，朝可可的后背打过来。

被妈妈责骂和打了一巴掌之后，可可果然"老实"了下来，嘟着嘴，心不甘情不愿地坐在了写字台前。可是可可的心思根本没用在学习上，待妈妈走后，她又竖起耳朵听起外面的动静来。

技巧

小孩子好奇心强，容易被一些新鲜的事物吸引。可可也不例外。虽然孩子这样做不利于专心学习，但是妈妈这种粗暴的处理方式更不利于可可改变不专心的习惯。相反，妈妈这样的做法只会伤害孩子的心灵，所以，父母们千万不要再用这种或软或硬的暴力方式来对待孩子了。

要知道，教育孩子是一个漫长的过程，孩子的专注力也不是一天两天就能够培养起来的，这需要父母付出耐心和努力，与孩子共同学习和成长。只有这样，我们才能更好地理解和体会孩子心中的真实想法，才能从根本上解决孩子无法集中精力专心做事的问题。

1.理解孩子，注意换位思考

很多父母由于忙于工作，在对孩子的了解上做得不够。在此，我们想提醒这些家长，一定要抽出时间来多了解孩子，我们可以与孩子、孩子的老师多多沟通，尽量对孩子在学校和家庭中的表现有一个全面把握。因为多一分了解，就会少一分误解。当孩子无法专心做事的时候，我们也能比较清楚该怎样去引导他。

2.耐心倾听孩子的心声

有些时候，父母对孩子实施暴力，是源于自己情绪失控，当发现孩子三心二意、不好好学习时就会破口大骂，甚至拳脚相加。这样做显然是不妥当的。为此，我们提醒这些家长，此时请先冷静下来，尝试着多一分耐心，问问孩子为什么不能集中精力做事，是被什么东西分散了注意力。当你用心思去了解孩子的想法，并想办法帮他解决问题的时候，或许就会发现孩子的行为其实是可以原谅的，这时候的你也已经释放掉了很多负面情绪。

3.放下身段，不摆父母的架子

有一些家长总是摆出一副长者的威严来对待孩子。这样对于孩子，其实是内心不尊重他的一种表现。所以，我们希望家长们不要用命令的口气和孩子说话，而应将孩子当作成人一样给予尊重。

4.不要在盛怒下管教孩子

很多时候，父母情绪不好，又恰巧遇到孩子不专心学习，那么这时候可能会免不了一场"大战"。家长们要知道，在你极度愤怒的状况下，肯定无法以理性

的方式来管教孩子的。所以，我们无论如何也要等情绪平稳的时候，再来教育孩
子。我们建议，父母们在情绪不好时，先离开现场，或者转移注意力。等平静下
来之后，再和孩子谈谈。

别让孩子被家庭矛盾所困扰

关键词

家庭矛盾　思想负担　环境需求　安全感

指导

对于孩子来说，没有比家庭更重要的环境了。他从出生开始就在家庭中成
长，所以说，父母给予孩子的影响是最大的。在孩子成长的过程当中，无论他
接受怎样的教育，都离不开家庭环境。

孩子专注力的培养，需要一个良好的家庭环境，这里所说的环境，除了客观
环境之外，也包括家庭成员之间的关系。对于孩子来说，父母是最亲近的人，很

难说更喜欢谁，因为对于他来说都同等重要。家长之间出现矛盾，看似是两个人之间的事情，但实际上，这已经将自己的孩子牵扯其中了，无论斗嘴还是吵架，也不管谁赢，孩子都会受伤。

案例

蒋祺是一名小学六年级的女生，虽然是女孩子，但是性格有些粗鲁，班里的男孩子都有些怕她。其实，蒋祺在小的时候并不是这个样子的，只是这两年的转变而已。她的班主任老师从她入学开始就担任她的班主任了，对她的情况算是比较了解。

原来，问题出在蒋祺的家庭中。蒋祺以前一直是家里的小公主，她不懂事，不知道父母之间的关系怎样。虽然父母之间有些不和谐，但对她都很好，亲戚朋友也说他们是幸福的一家子。可是，就在这几年，她的心被现实打碎了。

父母之间的感情一直都不好，只不过因为自己当时小，所以父母不愿在自己面前表现出来而已。随着自己年龄的增长，父母之间的矛盾不避讳了。甚至当着她的面就动手。目睹父母第一次打架的蒋祺吓坏了，她不知道该怎么办才好。一边是爸爸，一边是妈妈，甚至不知道他们之间因为什么而打架。

再后来，妈妈总是对蒋祺抱怨爸爸的不好，爸爸偶尔也会斥责妈妈。就这样，蒋祺在父母的矛盾之间徘徊着。时间久了，蒋祺开始厌烦起他们的抱怨和无休止的争吵。慢慢地，她变得容易烦躁，还学会了说脏话，对朋友不屑一顾，上课也不注意听讲，成为了同学眼中的"坏孩子"。

技巧

蒋祺之所以变了样子，和家里的环境分不开。由于父母之间的矛盾，影响了心态发育还未成熟的孩子，让孩子缺乏安全感，变得容易焦虑、烦躁，无法集中注意力，这样一来学习成绩也开始下降了。

事实上，会出现这样问题的家庭不在少数。有的家长只是习惯性的抱怨，或许在成人看来没什么，但是对于敏感的孩子来说，父母之间的矛盾会让他的内心世界发生改变。非常不利于孩子的健康成长。

1.要加强与孩子的感情沟通

对于敏感的孩子来说，感情交流是最好的沟通方式。父母要加强与孩子的感情交流，从生活上关心他们，从感情上亲近他们，从心理上理解他们，拉近家长与孩子的距离。不能通过想象认为孩子已经长大了，应该通过交流，来了解孩子的内心世界。

家庭成员之间的和谐非常重要，而家庭成员就包括了孩子。即使父母之间出现了矛盾，也不要认为这不关孩子的事，要和孩子交流沟通，给予他应有的安全感，才能尽可能减少对孩子的影响。

2.改掉自己的坏习惯

有些父母习惯互相谩骂、指责，当着孩子的面也这样。其实这是非常不利的，虽然在父母眼里这不算什么，但是孩子却会当真，甚至会模仿。如果孩子受了父母的影响，渐渐地就会认为人与人之间的交流就是这个样子的，到时候家长们就后悔莫及了。

作为家长，应该负起对家庭的责任，保持家庭的良好环境，还给孩子一个健康成长的空间。

3.父母做好榜样，对孩子言传身教

父母是孩子的镜子，孩子是父母的影子，"言传身教"是我们国家几千年传统教育的永恒命题。

　　可是看看我们周围，很多父母一边喋喋不休地要求孩子埋头苦读，一边又在麻将桌前流连忘返；一边教导孩子用心写作业，一边又津津有味地看电视、电影，告诉孩子讲礼貌，自己却出口成脏……孩子在这种自相矛盾的教育环境中成长，怎么能专心呢？因此，要求孩子的同时，父母一定要注意自己的言行，做孩子的典范。

第三章

专注力之兴趣培养法：

喜欢什么，才会更专注于什么

　　有人说："兴趣是最好的老师。"事实上，孩子的注意都是由兴趣先开始的，如果孩子没有兴趣支撑，那么很难长期持续对某样事物的注意。家长如果希望孩子能具备长期保持注意力的能力，从小培养与保护孩子的兴趣是不容忽视的。

孩子的兴趣爱好需要保护

关键词

强权　横加干涉　主动发现　肯定和支持

指导

很多父母望子成龙、望女成凤，巴不得自己的孩子成为群体中最拔尖儿的那一个。这些父母往往会有一个比较明显的特征，就是强迫孩子去做一些事，哪怕这些事并不是孩子所喜欢的。比如，孩子不喜欢练体操，家长却硬逼着孩子去练，梦想着有朝一日可以拿世界冠军，为自己增光，为国家增光；或者孩子不喜欢弹钢琴，家长却认为弹钢琴有助于陶冶情操，将来学好了可以在一些场合露一手，让父母脸上有光彩。

类似的情况不胜枚举，说到底，都是父母希望如何如何，而并没有切实考虑孩子的感受。这样一来，有些孩子可能表面上顺从了家长，逼着自己去学，可往往坚持不下来，学的过程中容易走神，容易倦怠，结果也就可想而知了。

案例

　　松松长得很壮实，从小就能吃能睡，比同龄孩子结实不少。上幼儿园大班的时候，班里开设了武术课。松松一下子爱上了这门课程，每次都聚精会神地练习武术。老师也发现松松可能是这方面的好苗子，还准备建议松松的父母考虑一下让孩子往这方面发展呢！

　　回到家，松松经常和父母谈论练武术的事，喜爱之情溢于言表。可哪承想，松松的爸爸妈妈对此却不屑一顾，甚至坚决反对儿子练武术。他们觉得练武术是"粗活"，自己的宝贝可是蜜罐儿里长大的独苗苗，哪受得了那个苦。

　　为了让儿子打消练习武术的念头，松松的父母特意为他报了绘画和大提琴训练班。这样松松的业余时间就被占去了很多，也就没有什么精力放在武术上面了。

　　可是，松松对于绘画和大提琴并不"感冒"，每次上课他都是硬着头皮，课还没开始就盼着下课了。可想而知，松松在上这两个兴趣班的时候，是多么无奈，这样又怎么能全神贯注不分心呢？

　　但松松妈妈却说："你学也得学，不学也得学，学这个比你学武术强多了。你看看邻居家的尧尧，大提琴拉得多好，在市里还获过奖呢，据说中考的时候还能够加分。再说了，学习大提琴和绘画都是高雅的活动，你将来肯定会尝到甜头的！"

　　就这样，在妈妈不断地唠叨中，松松不得不坚持着绘画和大提琴的学习，可是他一点也不快乐，而且因为上这两个培训班的课，使松松在幼儿园上课的时候都提不起精神，做事情的时候也总是心不在焉。

技巧

松松的妈妈对于儿子自己的兴趣横加干涉，强迫孩子学习他不喜欢学的东西，最终导致松松注意力难以集中，心情也不愉快。

类似这样的家长在我们的生活中大有人在，他们的观点就是自己要为孩子掌好舵，把握好方向，所以就要管制着孩子不要学那些"不该学"的，而应学习家长们认为好的东西。

正是在家长的强权压制下，一部分孩子渐渐失去了自己的个性，变得唯唯诺诺，思考问题和做事情都缺乏主见，只会麻木地顺从。还有一些孩子因此作出自残、对他人进行人身伤害等极端反抗行为，以此来对抗父母的"强权"。这是何等的悲哀啊！值得父母们好好反思。

要知道，孩子不喜欢，怎么逼迫都没用。与其如此，还不如让孩子做他喜欢做的事，这样，孩子才会比平时更加投入，更加专心，也更加开心快乐。

1. 尽可能地尊重孩子的兴趣爱好

很多时候，孩子的兴趣爱好和父母的意愿是相背离的，尽管如此，我们也要对孩子表示理解、支持和鼓励。

对于这一点，强强的妈妈就做得很好。

强强妈妈是一位大学英语教师，强强的爸爸是一位外语教授。周围的人们都认为他们唯一的儿子强强将来会朝着外语方向发展，可没想到他们从不鼓励儿子学习外语，甚至从来都不教孩子外语。

一次，邻居们在一起聊天，说到孩子将来学什么的时候，强强正好走到一旁，开口便说："我长大了要做一名园林工人！"旁边的家长们听了，都惊讶得很，他们没想到教授家的孩子竟然要做园林工人。

可强强的妈妈却说："妈妈相信你，将来一定会成为一名出色的园林工人的！"

听强强妈妈这么说，其他的家长更困惑了，他们不知道，为什么要支持孩子的这个"不务正业"的兴趣。强强的妈妈却认为，这是孩子自己的爱好，家长没有理由不支持。再者说，孩子一定是观察到了园林工人能够把环境改造得很漂亮，所以才有这样的理想的。

强强的妈妈不强迫孩子，而是支持孩子发展自己的兴趣爱好，这一点很值得家长们学习。其实，只有这样，才能使孩子的个性和兴趣得到充分的发展，孩子也会变得更专注、更认真，做起事情来也能够持之以恒。

当然，对于孩子兴趣爱好的支持也不是没有边界的，我们鼓励孩子的前提是他的兴趣爱好必须是正当的，而不能是不良的嗜好。

2.主动去发现孩子的兴趣爱好，尽早加以培养

孩子们对于他们自己的兴趣爱好往往没有一个明确的认知，他们只是本能地在做他们喜欢做的事，所以他们的兴趣爱好很容易被父母所忽视，等到发现时再进行培养恐怕已经为时晚矣。

父母们要善于观察孩子的言谈举止，主动去发现自己的孩子喜欢什么、擅长什么，及时确定他们的兴趣爱好，对他们的兴趣爱好做一些专业的培养，避免因为自己的不重视而耽误了孩子的远大前程。

3.给孩子肯定和支持

父母需要做的，并不只是发现和尊重孩子的兴趣爱好就可以了，而是在发现和尊重的基础上，再给孩子肯定和支持。对孩子来说，他们做出成绩很大一部分动力就是为了让父母肯定自己，父母们对孩子的爱好加以肯定，给他们足够的支持，无疑是孩子促使努力的巨大动力，从而使他们能够更专心地投入到自己的兴趣爱好中去。

好奇心是兴趣的先导

关键词

好奇心　求知欲　支持孩子

指导

　　孩子从来到这个世界上的那一时刻开始，就对认识这个世界充满热情，他们对什么都感到好奇，总有问不完的问题：这是什么？那是什么？怎么会这样？为什么那样？

　　其实，这个时候正是培养孩子注意力和学习兴趣的大好时机，孩子提出疑问，说明他对某件事情感到好奇并予以关注，表明他对这些事情有学习的兴趣。通常来看，孩子在主动探寻的过程中会有更高的专注力，所以，那些多才多艺的孩子，往往是因为坚持着自己的兴趣爱好，才能有所成就。

案例

有一个美国男孩，他和很多小男孩一样，对篮球很感兴趣。他最大的愿望就是有一天自己能够出现在 NBA 赛场上。

可是，他的身高远远达不到一个篮球运动员的标准。凡是知道他这一想法的人，都嘲笑他简直是异想天开。

"你的梦想是永远都不可能实现的。"他的朋友这样嘲笑他。

"你看你的身子那么短，你这不是痴人说梦吗？"他的邻居这样挖苦他。

虽然人们都不看好自己，但是男孩依然坚信如果尝试着朝那个目标前进，会令自己非常有成就感。因为他的父亲曾经对他说过这样一句话："做大家都认为不可能实现的事情，才会真正地体现这个人的实力。既然你对篮球这么有兴趣，对 NBA 赛场这么向往，那么就努力坚持吧！"

随着男孩渐渐地长大，他的这个梦想却从未动摇。

他一直都在坚持不懈地练习投球、运球、传球等技巧，同时也不忘记对体能的锻炼。几乎每天人们都能看到男孩与不同的人在比赛。终于功夫不负有心人，他终于成为镇上有名的篮球运动员，从代表全镇参加比赛到成为全州无人不知的篮球运动员，再到最佳的控球后卫，最终他如愿以偿地成了 NBA 夏洛特黄蜂队的一名球员。他就是著名的篮球运动员道格拉斯。

技巧

因为不轻易放弃，因为坚持了自己一如既往的好奇心和兴趣，让道格拉斯把愿望变成了现实。

由此可见，面对孩子感兴趣的东西，父母们不要轻易对孩子说"算了吧，你不是那块料"。我们应该做的是，尊重孩子的兴趣，利用他的好奇心培养他在某一方面的兴趣和特长。

如此一来，说不定你的孩子也会有朝一日像道格拉斯一样，成为某一领域的精英人物。

1.欣赏孩子的与众不同

没有谁可以拥有预测孩子未来的"先见之明"，包括孩子的父母，所以任何时候，父母都要去发现自己孩子的与众不同，给他们一个可以自由呼吸的空间，不要以一个高姿态评论家的身份来拿捏孩子的兴趣爱好是否与他们自身"门当户对"，在不公正的言辞里，你的孩子最容易迷失自己，所以请不要随便给你孩子的兴趣打"叉"，因为他们正在成长，他们还有无限的潜力。

2.鼓励孩子细心观察生活，大胆地提出问题

在日常生活中，孩子们会被许多新奇的事物给吸引。父母可以利用这一点，从一些小事、小细节中启发孩子对事物进行较深层次的思考，并鼓励孩子勇于发现问题。我国著名教育家陶行知盛赞"小孩是再大不过的发明家"，他提醒家长："发明千千万，起点是一问。人力胜天公，只在每事问。"孩子提出的问题，家长不一定全能回答，但可以这么说："这些问题我不知道，不过，我们可以通过努力找出答案。"

3.培养孩子的求知欲

当孩子发现一种新的现象或提出一个问题时，家长应当表现得热情，让孩子感受到家长也和他一样十分兴奋，而不是漠不关心。这样孩子就会更加积极地观察周围的世界。当孩子在求知欲当中取得一定成绩的时候，父母应当对其进行表扬，以满足孩子的成就感，使孩子的求知欲受到鼓舞。

4.告诉孩子，你很乐意支持他的想法

虽然做家长的会对孩子的一些想法表示质疑，但是这并不妨碍你支持他，不管有多少顾虑都不能与保护孩子刚刚萌芽的求知欲相提并论，告诉你的孩子："我很愿意拭目以待，我期待你会有好的成绩。"这样的话，孩子不但会很乐意跟你分享他所有的小心事，并且这对于建立一种健康的亲子关系也是至关重要的。

孩子的兴趣不是父母的兴趣

关键词

发展兴趣　不干预　拆弹

指导

虽说爱孩子是父母的天性，但是很多父母却爱得不科学，甚至不正确。现实生活中，有很多父母只知道从自己的角度出发来教育孩子，经常强孩子所难，对于孩子所具备的天分和兴趣爱好却视而不见。这样，父母便以爱的名义毁了孩子的兴趣，乃至整个人生。比如，为了让孩子把所有的注意力都集中在学习上，很多家长就不允许孩子发展其他的兴趣：孩子喜欢跳舞，家长偏要杜绝孩子看任何和舞蹈有关的影像作品；孩子喜欢音乐，却偏不让孩子学习唱歌……总之，凡是对学习成绩没什么帮助的事，家长都会进行阻止。

还有一部分家长，为了让孩子学到更多的知识和技能，往往在对孩子的性格和爱好尚不了解的情况下，就逼迫孩子参加各种各样的兴趣班，生怕自己的孩子掌握的本领比别人少。

可是结果怎样呢？很遗憾，常常事与愿违，到头来孩子一无所成。伟大的教育家孔子曾说："知之者不如好之者，好之者不如乐之者。"由此可见，要想让孩子学习好，父母要尽可能想办法保护好孩子的兴趣。只有这样，孩子才真正喜欢学，乐于学，也才能从学习中感受到乐趣和取得更好的成绩。

案例

对于儿子硕硕的学习，他的妈妈可以说比硕硕本人还要"认真"。每天放学后，硕硕的妈妈都要求儿子把当天学过的内容复习一遍，即使做作业到很晚，也不能"幸免"。

尽管如此，硕硕的学习成绩却始终中等偏下，没有明显的起色。不过，硕硕对围棋却非常热衷，每当在小区花园里玩耍或者在公园里游玩看到别人在下围棋，或者在电视上看到有下围棋的节目时，都会认认真真地观看，而且一看就是一两个小时。可他的妈妈却看不过眼，每次都狠狠地把他骂走。

实际上，在下围棋方面，硕硕是有一定的天赋的，看得多了，他自己也学会了一些，经常会和小区里、公园里的叔叔伯伯们下两盘，并且经常能够大获全胜。别看硕硕在背诵课文和公式方面没什么天分，但背起棋谱来却既快又准。

可是，硕硕的这一兴趣却因为不合妈妈的心意而逐渐被扼杀了。妈妈给他报了好几个补习班，从那之后，硕硕再也没有精力学习围棋了。

虽然如此，硕硕的学习却没有什么改善，依然和从前那样。

技巧

在对待孩子的兴趣方面，你是否也和硕硕的妈妈一样呢？现实中这样的家长不在少数。我们一心想让孩子"学好"，取得好成绩，可往往对于孩子真正感兴趣的东西视而不见，甚至横加遏制。或许在我们的权威压制下，孩子的兴趣和天分就这样被毁掉了。

其实，作为父母，如果真的爱孩子，真的希望孩子将来有出息，就要注意保护孩子的兴趣，并且鼓励他，让他坚持下来。这对孩子的未来才是最有好处的。说不定他会成为某个领域的专家呢！所以，家长们一定要正确对待孩子的兴趣，万万不可让他的兴趣毁在自己的手里。

1.不干预孩子的探索行为

对于孩子的探索行为，有的父母会横加干预，这是很不明智的做法。例如，几乎所有的孩子都对泥沙和水有着浓厚的兴趣，但有的父母认为那些东西太不卫生，容易让孩子弄脏衣服，便禁止孩子玩这些东西。这些父母不知道，孩子之所以对泥沙和水有那么浓的兴趣，是因为它们可以在孩子的手中千变万化，比如泥沙可以堆成小山，也可以用来挖洞；干的泥沙可以到处挥洒，湿的泥沙则可以揉成一团。水则既可以是点点滴滴，也可以是一束水柱；既可以变成冰，又可以化作雾。

正是因为泥沙和水的各种变化，使得孩子的好奇心和求知欲得到了强烈的满足。实际上，通过玩沙和玩水，孩子获得了感性经验和相关的知识，并且体验到探索的乐趣。

还有，家长们常常会注意到孩子都喜欢"不走寻常路"，总对那些高低不平、坑坑洼洼的路很感兴趣。其实，这是因为变化的路面走起来能给孩子不同的感觉，不像平坦的道路那样让他们感到单调乏味。可见，对孩子来说，他们的不少活动都是探索事物的过程；只有让孩子充分自由活动，才不会扼杀他们的探索精神。

2.给孩子做"拆弹专家"的权利

在好奇心的驱使下，孩子总希望通过亲手触摸、拆装东西来满足自己对这个世界的好奇和探索，这一点也体现出孩子对一件事的极大兴趣。其实，在这种拆拆装装的过程中，孩子的专注力也在无形中得到了提高。只是有一些父母将孩子的这一兴趣毁掉了。

真正智慧的家长，会花一些心思培养孩子好问、好动的兴趣。孩子喜欢做"拆弹专家"，那就允许并支持他的这种行为，毕竟物品的损失是有限的，倘若毁掉了孩子的兴趣，那么对孩子的损害可就无法估量了。

3.不要让兴趣班扼杀孩子的兴趣

现在学校里、社会上都有很多兴趣班，孩子通过参加兴趣班，可以更专业、更系统地学习自己感兴趣的东西。但是很多家长为了让孩子掌握更多的才艺，总是给孩子报多个兴趣班，让孩子几乎所有的业余时间都在兴趣班里度过了。而且这些兴趣班并不全是孩子真正喜欢的，不过是父母觉得应该学，孩子就被迫去学。

在父母的高压下，即便孩子并不喜欢学，也不得不硬着头皮去坚持。只是表面上看孩子是坚持着学了，可实际上因为缺乏兴趣而难以集中精力投入其中。到头来，孩子仍然是个"凡夫俗子"，显现不出任何惊人的才艺。

正确的做法是，在给孩子报兴趣班之前，父母应先征求孩子的意见，根据其真正的喜好来选择是报还是不报。只有这样，孩子才更容易专心地学习。同时需要提醒的是，兴趣班不要报得太多，如果孩子毫无自己支配的时间，那会让他感到备受束缚，进而采取应付的态度，或者用反抗来对待。那样的话，兴趣班岂不是成了扼杀孩子兴趣的"帮凶"了吗？

让孩子拥有自由选择的权利

关键词

选择的权利　不阻拦　有保留的爱

指导

从某种意义上来说，人生就是一个不断选择与取舍的过程，选择就意味着要么放弃，要么争取。选择了做教师，就得放弃做医生；选择了来北京，就放弃了去上海……选择因此成为人生存能力中重要的一个方面。做出怎样的选择，将直接影响到我们下一步的生活、机遇乃至整个人生。

其实，各种各样的选择从小孩子时就开始了，所以家庭教育中，为了让孩子多做正确的、有意义的选择，父母应多给孩子选择的机会，培养孩子掌握选择、判断和取舍的能力。同时，当孩子感受到更多的选择的机会时，他会产生一种被信任、被尊重的感觉，从而能够更专心、更投入地做某一件事。

案例

一位美国的教育家就很注重给孩子自由选择的权利。他从不奢望自己的孩子能够把各门知识学到登峰造极的程度，因为他很清楚，这是不现实的，而且是没有必要的，全才并不等于无所不会的超人。他经常这样告诉儿子，当遇到问题时，如果事情还有转机，能争取的要努力争取，如果事情到了无力回天的境地就没必要浪费更多的时间去继续坚持下去。

在儿子8岁的时候，有一天跑来跟父亲说，他不想学习了，而要去做一个侠客去救济世人。父亲对于他"不知天高地厚"的想法并没有不耐烦，而是告诉他，想要成为侠客得有过硬的功夫，而学习这些功夫的机会是非常小的。他还告诉儿子，之前讲到的故事中的行侠仗义的好汉们，大多是作者虚拟出来的，现实中不会有那样的超人存在。况且每个人都有自己的长处，救济世人不一定非要练就一身功夫，而通过所学的文学、数学、外语等知识照样可以去造福人类。只要将自己的才能发挥好，在任何领域都可以成为一个英雄。每一个英雄人物都懂得什么时候该放弃，什么时候该争取。

儿子听懂了父亲的话，对英雄也有了更为深刻的了解，同时也知道人生必须学会选择，学会放弃的道理。

技巧

这位教育家的做法很值得父母们借鉴。在孩子的成长过程中，我们也应该做到，只要是孩子愿意学习的，我们都要尽量去满足他的要求，想方设法为他创造良好的环境让他去学习。只有给孩子充分的选择权利，孩子才能更专注而投入，才能在他所选择的领域取得令人瞩目的成就。

1.孩子喜欢做的事，父母不要轻易阻拦

如果孩子的言行都很恰当、合宜，父母要给孩子自由选择的权利，让他去做自己喜欢做的事。这样，孩子在满足自我需求的同时，也会感受到父母的信任，而且在他心里还会产生这样的认识：因为我表现得好，所以父母才如此"恩惠"于我。比如，4岁的宝宝要求自己洗袜子，父母完全可以放手，并且愉快地答应孩子；或者7岁的宝宝要求做一次晚饭，父母就给他一次机会，只帮助孩子准备晚饭的材料，并告诉他要注意安全就行了。长此以往，孩子就有一种"我很能干"的感受，从而建立起一种固定且正确的行为模式。

2.给孩子权利，让他自己去选择

很多家长生怕孩子做出错误的选择，所以从来不给孩子选择的机会和权利。这样的孩子长大后必将难以适应竞争激烈的社会生活。

实际上，我们应该主动给孩子选择的权利，如果不放心，那么只需给孩子提供相关的情况，然后帮其分析各种可能就行了。这样做的目的，主要是可以教育孩子通过自己做出选择，来学会承担责任。当他感受到肩上背负的责任了，那么他自然会更专注于这件事情。

3.有所保留，对孩子藏起一部分爱

哪个父母都是爱孩子的，但是不能爱得失去理智，太盲目的爱不可取。身为父母，即使为孩子做得再多，也不能替代他一辈子。只有早日放手，让孩子学会自己照顾自己，让孩子学会自己走路，才是最明智的选择。比如，如果孩子要求切菜，那么父母不必担心他会割破手指，只需在一旁指导他，让他练习就可以了。如果孩子房间乱了，父母不要伸手过来帮忙，而是应该让孩子自己布置房间。总之，只有父母有所保留，对孩子藏起一半的爱，才能培养孩子的独立性和专注力，这才是真正地爱孩子！

"好动"不等于多动症

关键词

好动　理智　释放精力

指导

　　孩子身上仿佛有消耗不尽的能量，总爱东跑西跑，怎么也停不下来。这样的现象，自然会引得父母焦虑：这孩子不会患上多动症了吧？整天东跑西颠的，上课肯定也坐不住！当然，这只是父母的一面之词。其实，孩子的这种表现，不过是他成长的正常现象。孩子这样并不代表孩子有问题，也不能一下认定孩子无法集中注意力。

案例

小欣是一个沉默寡言的男孩子，平时也不知道他在想些什么。其实，在他小的时候并不是这样的。

在小欣 3 岁的时候，他仿佛是一匹脱缰的野马，没有一刻安静。在家里，他总是跑上跑下，不是要爬到柜子上，就是要躲在厕所里，不时还要动动爸爸的书架。无论妈妈怎么说，他也不会听话。

在幼儿园里，小欣也是这个样子。从老师的嘴里，妈妈得知小欣一会儿安静得像只小白兔，不声不响地趴在桌上假寐，一会儿又血液充盈、精力旺盛起来。有时，他还会冷不丁"嗖"的一声从椅子上蹦起，和小朋友们打打闹闹。还有的时候，他会一个人来到大厅，学着解放军的样子走正步，嘴里振振有词："立正、稍息！"

看着孩子这个样子，妈妈不由担心极了，她想："孩子不会得了多动症吧？"于是，她多方求教，带着孩子来到医院检查，可得出的结论都是"健康"。迫不得已，妈妈只好把小欣关起来，小欣委屈得大哭妈妈也不肯心软。而且从那之后，只要小欣吵闹，妈妈就会让他"思过"。久而久之，小欣不再和妈妈抵抗，将自己关进了一个小世界，任谁敲门也不开，天天沉浸在自己的世界里，就连上课都不听讲了。

技巧

在父母的眼中，孩子总是停不下来，总是要动，这无疑是"不听话、不老实"的表现，动辄就会给他们扣上"多动症"的帽子，然后对他的行为做出种种限制，就像小欣的妈妈那样。可是父母没有发现，自己越是这么做，孩子的情绪就越激动，甚至他们还会因此讨厌父母，与爸爸妈妈产生心灵上的隔阂。

为什么会如此？这是因为父母不了解，孩子爱动只是正常行为，绝非什么

"多动症"。三四岁的孩子，正值身体发育高峰期，因此精力不免旺盛，所以才愿意动，愿意跑。而那些所谓的"好孩子、乖孩子"，有时候恰恰是不健康的表现，因为他们患有营养不良、重症贫血或其他先天性疾病，没有充足的精力进行适当的发泄。

孩子好动，这也与他心理发展不无关系。三四岁的孩子，对世界已经有了初步的认识，这时候，他们的心理特征为好胜、好奇、好动、好模仿和富有想象，这其中尤以好动更突出。健康的孩子，富有好奇心的孩子，自然会看什么都想摸一摸、动一动、看一看，还会提出各种各样的问题来，看到周围的事物都觉得新鲜、好奇和不理解，并转化为具象的行为。但父母不懂得孩子的心，就以为他们患上了"多动症"，这可真是对孩子最大的冤枉。

所以，孩子好动，父母不要过分忧心忡忡。活泼好动是儿童的本性，如果小孩像个大人一样沉稳不动，那倒要引起父母的注意和担忧了。

一般来说，对待多动的孩子，我们应遵循以下两个原则。

1.理智地对孩子提出要求

首先，父母应当多阅读教育类书籍，多请教相关专家，了解孩子多动的特点，这样，就可以对孩子提出针对性的要求，例如在吃饭时，可以对孩子说："宝贝，咱们吃饭的时候要乖乖的，不然饭粒把你呛住怎么办？等吃完饭，爸爸陪你一起玩！"

需要注意的是，父母在提出要求时，切莫表现出命令、强迫的口吻，只要求他们的多动行为能控制在一个不太过分的范围内即可。

2.引导孩子释放多余的精力

孩子为什么好动？这是因为他有大量剩余的精力。所以，父母可以引导孩子，正确地释放精力。例如，父母可以带着孩子参加体育活动，如跑步、打球、爬山、跳远等，还可以让他观察天文、观察自然界。这样一来，孩子既可以释放能量，又能锻炼身体和提高知识，说不定，下一个奥运冠军和科学家就在你家诞生了！

赞美是激发孩子兴趣的催化剂

关键词

夸奖　肯定　全面看待

指导

如今，已有越来越多的父母开始倾向于用"夸奖"代替上辈人的"棍棒"，"好孩子是夸出来的"这句话已经深入人心。从这点上看，不能不说是人们思想观念的进步，是科学教育观的体现，是孩子的"福音"。

西方著名教育学者卡耐基说过，使孩子发挥自己最大潜能的方法，就是赞美和鼓励，尤其是父母的赞美。

但是，看看我们周围吧，很多父母对孩子做的一些错事，说的一些错话，要么讽刺挖苦，要么无动于衷。在这些家长眼里，孩子更多的是缺点和不足，根本"没什么值得夸赞的"。

其实，每个孩子都有各自的闪光点，只要父母把赞美这种有效的教育手段运用好，多看到孩子的优点，并及时夸赞，那么孩子的自信心就会增强，他就会认为"我能行"，因此也就更专注于学习和做事，这对孩子的健康成长将起到积极的推动作用。

案例

燕燕的妈妈是一位教子专家，在教育女儿的时候，始终将女儿的感受放在第一位，并时常鼓励孩子说出自己的想法，因为燕燕的妈妈认为在燕燕处于逐渐产生自信心的阶段中，父母是否尊重孩子的观点和想法对孩子的成长有着十分重要的作用。

尽管上帝并没有赐给燕燕美妙的歌喉，但为了让女儿保持热爱唱歌的兴趣，这位身为教子专家的妈妈还是鼓励女儿唱出喜欢的歌曲。有一次，燕燕自信满满、认认真真地大声唱出跑了调的歌曲，妈妈忍不住笑出了声，敏感的女儿马上停了下来，问："怎么了，妈妈，是我唱得不好听吗？"妈妈赶紧说："不，宝贝，你唱得很好，感情很丰富，我还以为自己听到了天籁，非常高兴，所以忍不住笑了起来。"

后来，这位妈妈反省了自己的过错，孩子唱歌是因为孩子快乐，而且唱歌本身可以让孩子的肺活量得到锻炼，并有助于孩子保持好的心情，跑调是正常的事情，因为天生的音乐家原本就不多。

过了一段时间，妈妈为女儿请了一位音乐老师，并这样告诉女儿："你歌唱得越来越好，都比我强了，我们得请位专业的老师来教你才行，这样你就能唱更多好听的歌曲了，你说呢？"燕燕开心地答应了，孩子十分喜欢自己的音乐老师，每次上音乐课都专心致志，从老师那里学到了很多音乐知识。

正是因为这位妈妈正确地对待了燕燕并不完美的歌喉，燕燕的歌果然越唱越好听，而且非常地喜欢音乐，尽管孩子将来或许不会在这一领域上有所建树，但音乐带给孩子的将是无限的乐趣和各种各样丰富多彩的知识。

不止在这一方面，无论女儿在任何方面出现了问题，燕燕的妈妈都不会取笑孩子，而是尽量给予孩子更多鼓励，为孩子打气，所以燕燕无论做什么事都能够静下心来，一心一意地投入其中。

技巧

在孩子的成长过程中，无论他做了什么，或者正在做什么，他都希望得到父母的肯定和鼓励。因为父母的看法在孩子的眼中如同圣旨一般。

没有什么比取笑更能使一个孩子长大后变得无礼、粗暴和心理扭曲的了。这样的做法会让原本很有希望认真学习和做事的孩子，失去了养成好的习惯的机会。

相反，如果父母能够及时发现并赞扬孩子的每一个进步，就能影响他做事的态度，让他做起事来更专注、更坚持。既然如此，身为父母的我们为什么不去留心关注孩子的每一次进步呢？

1.不要对孩子抱有太高的期望

法国诗人海涅说过这样一句话："即使种下的是龙种，收获的也可能是跳蚤。"这句话是针对那些逼子成龙成凤的家长说的。也就是说，逼迫孩子成龙成凤，那么到头来孩子很可能变成虫。这当然不是深爱孩子的父母们所愿意看到的。

那么，就请父母们为了让孩子更好地成长，放弃那些高不可攀的期望吧！

要知道，孩子在父母的高压下，不但不会变得出类拔萃，对事情的兴趣反而会越来越低，注意力越来越涣散，最后只能离父母预期的目标越来越远。所以，父母们首先要转变自己功利的心态，我们要做的只是从旁引导和鼓励，让孩子的专注力持续得更久。

2.相信自己的孩子是独一无二的

很多父母喜欢拿自己的孩子跟别人进行比较，希望以此来激励孩子能够更专注、更努力地学习，殊不知，这样的比较只能让孩子更难专心。

人外有人、天外有天，如果家长要拿自己的孩子和每个孩子都来比较的话，不可能总是自己的孩子是最优秀的。但是，父母们需要认识到，每个孩子都是有自己的长处和短处的。盲目地攀比只会抹杀孩子的个性、打击孩子的自信，对孩子的成长是绝无好处的。

因为父母的刺激话语很容易让孩子对别人产生忌妒和愤恨的心理，注意力就更不愿意放在学习上了，而是放在了关注别人上。

其实，只要孩子比以前有进步，哪怕这个进步非常微小，我们都要给予赞扬。相信孩子感受到了父母的认可和激励，才更能够认真、专注地学习和做事。

3.不要把分数看得太重，应该全面看待孩子的发展

钱钟书先生是众所周知的文学界的泰斗人物，但是当年他的数学却考过零分。如果按分数的标准来衡量，他连及格都不算。可是，他在中国文学界却是泰斗级别的大师，他的文学水平到现在也鲜有人能及。如若当年他的父母单纯强调他的成绩，让他必须考高分，那么很可能，我们中国就丧失了这位大师级别的人物。所以说，分数不是考评孩子的唯一标准，父母们要全面看待孩子的发展。

孩子的兴趣需要家长的参与

关键词

参与	兴趣点	扼杀	一起探索

指导

在与孩子相处的过程中，爸爸妈妈们会发现孩子的兴趣和我们的兴趣是有很大不同的。如果父母能对孩子的兴趣予以关注，并能够和孩子一起做他感兴趣的事，那么这对孩子来说无疑是一种认可和支持。如此一来，孩子才能更加专注于自己正在做的事情。

生活中，有一些父母对孩子的兴趣是持支持态度的，不过只有很少的父母能够和孩子一起做他感兴趣的事。实际上，这种做法不但能拉近亲子之间的距离，而且能让孩子做起事来更加专注。因此，父母们还是积极行动起来吧，参与到孩子感兴趣的事情中去，相信会收到意想不到的效果。虽然有的妈妈会支持孩子的兴趣，但很少有人会与孩子一起做他感兴趣的事。事实上，这种方法更直接有效，我们的参与拉近了与孩子的距离，而且会让孩子做起事来更加专注，何乐而不为呢？

案例

意大利文艺复兴时期的著名画家达·芬奇的成才之路，就是在他父亲彼特罗的支持下完成的。

小时候，他的家境非常富裕，有条件接受良好的教育。不过，达·芬奇最喜欢大自然的美景。他最喜欢深入大自然，并用自己的画笔将大自然的美丽景色呈现出来。有时，他在花园中描绘花瓣和树叶；有时坐在草地上把看到的蚂蚁等昆虫画到画板上……

对于儿子的种种表现，他的父亲不仅没有横加干涉，反而给予了儿子肯定与支持。在父亲的帮助下，达·芬奇很快在镇子里成为了"小画家"。

有一天，村上的一位农民拿着一块木板来到镇上，交给了达·芬奇的父亲，请求在木板上让达·芬奇画画，父亲当即答应了。达·芬奇将木板刨平，用锯做成盾牌的模样。等完成之后，他便在上面画了自己最熟悉的小动物。画成后，他拿去给父亲看。父亲看到画面不但结构合理，而且形象逼真，画面上的蛇、蝙蝠、蝴蝶、蚱蜢等小动物就像是真的一样。父亲高兴极了，决心支持孩子去学画画。

有了父亲的支持，达·芬奇彻底地投入到了绘画的学习当中，在绘画的世界里，他如鱼得水。后来还成为了维罗奇奥的弟子。维罗奇奥是当时著名的画家，在他的指导下，加上达·芬奇自身的努力，终于成就了他的不凡成绩。

技巧

很显然，达·芬奇的成功有很大一部分原因来自于父亲的支持。在现实当中，您是如何对待孩子的兴趣的？在孩子表现出对某一事物浓厚的兴趣时，自己有没有愉快地参与进来？在孩子全身心地投入到自己感兴趣的事情中时，自己会不会任意打断？

如果你也希望自己的孩子能够有所成就，那么就向达·芬奇的父亲学习吧。不可否认，达·芬奇能够保持绘画的兴趣，并有所成就，多亏了他的父亲。正是因为他父亲能够陪伴他一起做他所喜欢的事，才让达·芬奇充分感受到了支持和鼓励，也才让他专注地将一件事坚持到底。

有不少父母总是抱怨，自己经常和孩子一起做事，可收到的效果却不尽如人意。事实上，当父母陪孩子做他并不喜欢的事情时，是很难取得理想效果的。所以说，最重要的不是我们花了多少时间陪孩子，而是我们是否和孩子一起做了他喜欢的事。比如，当下班回家后，陪孩子一起画画，一起唱歌，一起就某个他感兴趣的问题展开一番讨论，或者一起看场球赛，一起去电影院看一场电影，等等。这些事情或许花费不了父母多长时间，但是因为我们的加入，孩子会更加投入，也更加快乐！

1.不要让孩子孤军奋战

每个成长中的孩子都有着强烈的好奇心，他们就像是天生的"探险家"，对于未知有着浓烈的兴趣。有的家长可能觉得孩子这样很烦，但是，换个角度来讲，这是引导孩子的最佳机会。

虽然有时孩子的好奇心会让家长觉得危险，但是这并不能成为扼杀孩子天性的理由。如果想要孩子健康成长，那么父母不妨参与到孩子的探索当中。这个过程既保证了孩子不会偏离方向，又能趁机引导孩子学习，是一举两得的事情。

而且，父母的参与和支持能够让孩子对兴趣持之以恒，还有利于亲子关系。

2.在孩子的兴趣与知识之间搭一座桥

培养孩子的兴趣，尊重孩子的兴趣，归根结底还是为了让孩子能够在此基础上有所发扬，将来能够取得好的成绩。因此，聪明的父母会想办法把孩子的兴趣和知识学习联系起来。举个例子来说，如果你的孩子喜欢动手操作，那么在支持他的同时，还可为他提供有关的书籍。孩子看多了，做得多了，就会有更多的体验，也会有更强的成就感。再比如，孩子喜欢做游戏，那么我们可以通过各种游戏来提高孩子学习语文、数学、英语等科目的兴趣。比如，玩扑克牌可以训练孩子的口算能力，这样孩子就会产生对数学的兴趣；也可以通过猜谜语等形式教孩子认识、理解字词。可以通过玩卡片的形式与孩子一起学习英语单词。这样一来，就会让孩子将兴趣和学习知识相结合，也就不容易感到学习是一项沉重的负担了。

与孩子一起探索问题的答案

关键词

配角的身份　认真回答　发现

指导

孩子能够一如既往地专心致志地投入到学习中，是每一个父母的愿望。但很多时候，这个愿望实现起来很有难度。即使一个自制力强、学习成绩优异的孩子，也很难一直保持高昂的学习情绪。

我们都知道，很多时候，学习是一件枯燥的事情。不过，孩子总会对某一些科目的学习感兴趣，如果家长善于发现并利用这一点的话，不但对孩子学习兴趣的提升有帮助，而且还有助于培养孩子的注意力。

至于具体的操作方法，我们建议家长们和孩子一起学习和探索。因为对孩子来讲，没有什么比这更让他们有兴趣、有动力投入其中了。对于一些问题，家长可以和孩子一起讨论，一起查阅资料。孩子也会在家长的带领下，养成不懂时及时查阅资料的好习惯。这样一来，他掌握知识的能力必然会增强，注意力也会更加集中。

案例

笑笑前不久在儿童书法大赛上获了奖，亲朋好友每当看到笑笑的父母，都要夸赞笑笑一番。当问及他们如何培养女儿的时候，笑笑的父母说起了缘由。

在笑笑上幼儿园的时候。有一天，正在看电视的笑笑调到了一个书法节目，看得入神的她好奇地问妈妈："妈妈，这是什么笔呀，看起来软软的，也能写字吗？"妈妈就告诉她："这种笔叫毛笔，不但能写字，还可以画画呢。在古代，人们可就是用毛笔来写字和绘画的。"

笑笑听了，似乎更感兴趣了，她说："我也要用毛笔画画和写字。"笑笑的妈妈点头微笑，表示答应下来。之后，笑笑开始学起了书法和国画。平时，她的妈妈会利用一些空余时间在书法和绘画方面给予一些引导。比如，在练习书法的时候，让笑笑逐步懂得书法跟写字的区别，逐步领会怎样把字写好、写美。在绘画方面，笑笑妈首先让她画适合儿童绘画的儿童画，尽量让她发挥想象，画出自己的一片天。然后再让她学一点素描的基本画法，巩固一下绘画技能。就这样，使笑笑在绘画和书法方面始终保持着浓厚的兴趣，除了在书法大赛上崭露头角，笑笑在绘画方面也有着不小的收获呢。

技巧

在生活当中，每个孩子都是从兴趣点出发，逐渐成长的。而兴趣的起点，正是孩子的"为什么"。当孩子问到为什么的时候，就是孩子对某件事物感兴趣的表现。有时，孩子的问题更是稀奇古怪。对于孩子各式各样的问题，你会怎么做呢？就拿笑笑来说，毛笔是一个完全新奇的事物，她的问题或许在成人看来很幼稚，但这正是孩子认识某件事物的起点。这个时候，家长不能斥责孩子，更不能表现出一副不耐烦的样子，这样只能让孩子感到委屈，还会打消孩子学习的积极性。

作为家长，看到孩子问问题的时候，或是对某件事物表现出兴趣的时候，我们应该感到高兴。即使孩子提出来一些根本没有的答案，或者回答起来着实"费劲"的问题时，也不要急于责备孩子，而应该和孩子一起学习，一起探索。在这个过程中，孩子既能增长知识，又可以提高注意力，何乐而不为呢？

1.引导孩子的求知欲

求知欲是孩子的先天能力，也是驱动他们主动学习的源泉。所以，做父母的，需要学会因势利导地激发孩子的求知欲。这样孩子就能满腔热情地积极主动地去探索、去学习。同时，父母还要有一双善于发现孩子追求知识方向的眼睛，引导孩子通过主动的努力奋斗，实现自己追求的目标。

2.孩子是探索问题的"主力军"

虽说对于孩子来说，一切都是未知的，但是父母不能走在孩子的前面。正因为孩子有很多未知，所以主导权应该交到孩子的手上。探索求知的过程当中，父母要辅助孩子，而非控制孩子。也就是说，孩子要自己去探索，父母要在旁边关注，而不是指挥孩子。只有配合才能达到最好的效果。

3.认真回答孩子的问题

当孩子对某件事物感兴趣的时候，一定会问各种问题。有时虽然问题很幼稚，但这也反映出了孩子的内心。作为家长，应该保护好孩子的好奇心，只有耐心地回答孩子的各种古怪问题，才能让孩子不断地提问、思考、探索。

只有回答问题的时候不敷衍，才能引导孩子继续探究、发问。最好在回答孩子问题的时候，引出一些相关的新问题，这样在拓展了孩子知识面的同时，也引导了孩子的发展，培养了孩子的兴趣。所以说，家长不能简单粗暴地打击孩子的好奇心，要学会耐心地引导。

用有意思的问题引导孩子的注意力

关键词

> 开放式　时机　自己解决

指导

　　孩子的走神问题无疑是家长和老师们最为头痛的问题之一，而这种现象偏偏又在很多孩子身上存在。对于孩子的走神，如果任其发展，势必对其学习和生活产生严重的负面影响。

　　其实，要想避免这一现象，有一个比较简单的方法就可以起到不小的作用。这个方法就是：巧妙地提问。举例来说，在孩子做作业不认真的时候，父母看到后，可以轻声问一下孩子："宝贝，作业是不是写完了呀？妈妈看你都已经开始'思考'其他的问题了。"孩子听了这样的话，就会意识到父母这是在用比较含蓄的方式说自己不专心呢，因此他就会让注意力重新回到做作业上面来，甚至比之前还要更加专心。

案例

以前，丽丽不管是做作业，还是做其他事，总是爱走神。为此，父母不知道批评过她多少次，可都无济于事。

后来，丽丽的班主任夏老师也发现了这个问题。丽丽的不专心程度较其他同学要强不少，老师只好找她的父母询问一下情况。从丽丽妈妈那里，夏老师了解到，原来丽丽这个走神的现象由来已久，看来已经形成习惯了。

为此，夏老师和丽丽的妈妈商定，要想一个好办法帮助丽丽改正走神的毛病。夏老师根据多年的教育教学经验，提出了这样的办法，即在丽丽走神时，巧妙地问她一些问题，通过这种方式让丽丽把注意力拽回来。

果然，经过丽丽妈妈和老师的共同努力，丽丽的走神现象有了明显的好转。看到这一局面，夏老师和丽丽的妈妈都深感欣慰。丽丽的学习成绩也有了明显的提高，她自己看到自己的转变，也开心不已呢！

技巧

其实，现实生活当中很多孩子都有丽丽这样的问题。而大部分家长都不知道应该要怎么做才能改变孩子。事实上，有时候通过提问，能够有效地制止孩子走神的问题。

孩子之所以会走神，是因为注意力不集中，也就是说，孩子如果置身于感兴趣的事情当中的时候，就可以集中注意力了。而家长提出的问题，很有可能引起孩子的兴趣。

1.多对孩子进行开放式提问

现在的电视、电影大都讲究开放式结尾，对孩子进行提问也同样可以来点"开放式"的。开放式提问没有现成的答案，也不受故事、语言和情节的限制。

这种提问方式一方面可以激发孩子的想象力和创造性，一方面还能促使孩子集中注意力思考问题。

由于开放式提问具有一定的难度，需要孩子搜寻以往的生活经验，然后联系具体的问题进行分析，再进行比较、判断和推理。在这种情况下，孩子必然要全神贯注地投入其中才行。比如，当孩子表示对一位许久不见的阿姨认识的时候，我们可以问他："这位阿姨是谁，还记得吗？""你怎么知道她是医生？"或者当孩子看故事书的时候，我们指着某个人物形象问他："他在想什么？""你怎么知道他是这样想的？"

2.给孩子一些自己处理问题的机会

在孩子的学习和生活中，经常会遇到各种各样的问题。对于这些问题，父母最好的处理方式是与孩子共同讨论，一起设计解决方案，让孩子在这一过程中学会分析和归纳，以及处理问题的办法，这将对于提高孩子思维能力和解决实际问题的能力起到很大帮助。

比如，带孩子去商场或者超市，结账的时候，可以让孩子注视一下收银台的显示数字，并让孩子学着计算需要花费的价格；或者在给孩子讲故事的时候，可以让他自己琢磨一下如果故事中的主人公换作是他，他会怎样做，等等。

类似这样的处理问题的方法，会潜移默化地促进孩子多思考，培养他的思维习惯。同时，也有利于孩子注意力的培养。

3.鼓励孩子发表自己的看法

作为父母，在日常生活中，一定要鼓励孩子敢于发表自己的看法。因为孩子的思维方式与我们不同，即使他说的并不完全正确，也要让他说完，并给予恰当的指导，让孩子有自信地说下去。如果孩子发表了正确的意见，父母要及时肯定和表扬，这样孩子就会增强发表意见的信心，只有这样他才能更好地养成勤于思考的好习惯，并练就活跃的思维能力。

兴趣培养不能太生硬

关键词

眼前的兴趣　分享热情　提出问题

指导

　　在养育孩子的过程中，很多父母都有比较强的"功利"心理，为了孩子能有个好的前途，不"输在起跑线上"，不惜花费财力和精力，带孩子上各种补习班，希望孩子成为一个"全能"手。对于孩子自身拥有的一些乐趣，父母们却往往置之不理，甚至横加阻拦。比如，当看到孩子观察蚂蚁搬家，父母会觉得这是浪费时间的毫无意义的事；当看到孩子研究两种颜料混合后能发生什么现象，父母会认为这对考出好成绩起不到任何作用……

　　这些父母并不知道，往往孩子眼前的乐趣才是最值得自己去发觉和支持的，这不但让孩子充分发挥自己的所长，而且还有助于其注意力的培养和提升。相反，那种为了孩子赢在起跑线上而要求孩子发展他并不感兴趣的事情的做法，才是最不可取的。

案例

媛媛是个性格非常外向的女孩，比起安静地看书、画画，她更喜欢和朋友打打闹闹。最近媛媛喜欢上了吉他，而且和几个要好的朋友还商量着以后组乐队，这样媛媛觉得有了目标。然而，媛媛的父母是非常严厉而传统的人，他们觉得，女孩子就应该文文静静的。现在女儿喜欢上了吉他无非是追星的原因，并不利于以后的发展。既然女儿喜欢音乐的话，那么就应该培养女儿学习钢琴或是小提琴。

决定之后，媛媛的父母不征求女儿的意见，直接给她报了特长班。到了周末的时候，本来媛媛约好了朋友一起去练吉他，结果爸爸妈妈却告知她要学习钢琴，这可把媛媛郁闷坏了。她不想去，可是又怕爸爸妈妈说，只能拖拖拉拉的。等到父母准备好出门的时候，看到媛媛还没收拾完，气坏了。媛媛的妈妈气得冲媛媛嚷了起来，还说要没收媛媛自己用零用钱买的吉他。

媛媛无奈，只能去了兴趣班。但是她不喜欢钢琴，也不喜欢老师教的古典曲子。对于她来说，琴谱比课文难背多了。一到钢琴课，媛媛就心不在焉。而上学的时候，媛媛也总想着爸爸妈妈要考她琴谱，上课也经常走神，难以集中注意力。

技巧

媛媛本来是一个活泼开朗的孩子，现在却因为自己得不到支持而变得苦闷不已。其实，很多家长都有着和媛媛父母类似的做法。因为孩子正在成长的过程中，很多想法还不成熟。所以很多家长认为，作为家长有义务替孩子决定他的未来，为他指明方向。但是，这并不代表孩子能够开开心心地前进。

有些时候，孩子在感兴趣的方面能够进步得更快。当孩子的兴趣和父母的期待不同的时候，家长应该试着退步。发展孩子眼前的兴趣更有利于亲子沟通，也能让孩子健康快乐地成长。而且，孩子在喜欢的事物面前，往往是注意力最为集中的时候！所以家长一定不能放过这样的机会。

1.用书籍包围孩子

哈佛大学的研究表明，如果孩子随处都能接触到书籍，那么他的阅读兴趣就容易被激发，他的注意力也会增强。所以，让孩子的身边充斥着不同种类的印刷品，报纸、杂志、书籍、辞典……是让孩子爱上读书的一个好方法。所以，不要把你家的书籍束之高阁，而是放在孩子随手可以拿到的地方，餐桌、床头、沙发靠背甚至汽车后排座位上。从孩子很小开始，你就可以给他一些旧报纸、旧杂志，任凭他把它们撕得七零八落。慢慢地，在家里确立一个看书或者讲故事的时间，让阅读成为一种习惯，并且让孩子从中感受到乐趣。

2.对孩子提问题要有水准

我们都知道，提问可以激发孩子学习的兴趣，但是我们却常常提一些没有水准的问题。

有时候，孩子给出的答案让我们欣喜若狂，于是我们就不停地重复这个问题，想重温一下当时的快感。但是孩子可不这么觉得，他已经告诉过你这块积木是绿色的，你如果还要反复测试，他就会感到厌烦。所以，如果你希望孩子能够保持高昂的学习热情，就不要总用常识性的问题骚扰他。

此外，对孩子提问题一定要涉及细节。这不单是让孩子知道你关心他的生活，也是一种帮助孩子提升注意力的方式。因为当孩子从乱糟糟的世界中挑选他感兴趣的人或事并讲述出来的时候，他就已经在有意注意了。

3.和孩子分享你的热情

无论令你着迷和激动的是一场比赛、一门艺术、一项科技还是一盘拿手菜，你都应该让孩子感受到你从中获得的乐趣。如果你刚刚兴奋地读了一篇文章或者看了一期《科技探索》节目，你应该把这种兴奋告诉孩子。你可以大致讲述你刚刚了解到的事情，让孩子知道到底什么让你感到有趣。虽然孩子不能充分理解其中的奥秘，但是他至少能够感受到你的热情，并且向他传达了一种信息：大人也喜欢学习。

4.注重孩子提出的问题

有些时候，家长会觉得自己的孩子没有任何兴趣爱好，所以自己才替孩子做了选择。但事实上，有时候并非孩子对事物没有兴趣，而是家长没有发现。孩子有时会突然提出一些问题，看起来可能无关紧要，但事实上，孩子的兴趣就隐藏在这些问题下面呢。如果家长能够及时察觉，并挖掘孩子的兴趣的话，就能够让孩子找到喜欢做的事情了，自然能够提升孩子的专注力。

枯燥的学习中也藏着乐趣

关键词

合理时间　适度放松　调动兴趣

指导

学习是一件枯燥的事，对于活泼好动、好奇心强的孩子们来说，就更是如此。我们知道，当感到枯燥无比的时候，我们的精力是很难集中的，这样自然会影响学习成绩。不过，若是孩子在枯燥的学习过程中，能够找到让他感兴趣的东西，那么情况就大不相同了。因为枯燥，所以无法集中精力，不仅会养成注意力不集中的坏习惯，也会影响学习成绩的提高。

毛毛最近有点心烦，因为他就要面临升学了。毛毛的家庭环境很好，父母也非常重视儿子的教育，从幼儿园开始，毛毛就一直在"精英班"学习。上了小学之后，父母想让高起点的孩子走得更顺畅，所以想方设法将毛毛安排进了重点小学的精英班。

毛毛感觉自己一直以来都没有快乐，每天只有学习和父母的说教。尤其现在已经升入了六年级，马上面临升初中，父母更是把自己的耳朵都念叨出茧子来了！最让人受不了的是，繁重的课业之后，还要参加拓展班。所谓的拓展班，就是预习初中的知识。

毛毛感觉自己就像是一个陀螺，每天不停地旋转，吃饭慢了都要被父母说，好像耽误了学习的时间。但是学习对于他来说真的是再乏味不过的事情了。虽然自己以前很喜欢数学，但是现在每天都面对着成堆的数学题，让人吃不消！

为了减少父母定给自己的任务，毛毛就不再好好完成作业了，每次都拖到睡觉前才完成。这样父母就不会再给他留课余作业。而且，在课上不知道为什么，毛毛也没有了听课的欲望，总是莫名其妙地就走神。老师多次提醒也不管用，这让班主任老师也感到费解。怎么一个对学习充满热情的孩子，突然就讨厌学习了呢？

其实像毛毛这样的孩子不在少数，很多家长也都为类似的问题烦恼着。在孩子小的时候，周围的一切对于他来说都是新奇的，那时的孩子充满了求知欲。但是，随着孩子年龄的增长，几乎每个孩子都会滋生厌学情绪，认为课业繁重，枯燥无味，再难投入学习的热情。尤其孩子面临升学的时候，家长更是用尽了一切的办法。

其实，想要孩子集中注意力在学习上，不能用强压政策，而应该带领孩子找到学习的兴趣。要知道，孩子的成长不只限于课本，还有很多知识，事实上，有很多东西都是融会贯通的，如果能够让孩子找到学习和兴趣的契合点，学习就会变得轻松而容易。孩子也能将更多的精力投入到学习当中。

1.合理安排时间，防止孩子产生厌倦感

除了老师布置的作业，在其他方面的学习，比如技巧性比较强的知识，如绘画、弹琴等，我们要为孩子合理地安排时间，每次持续的时间不要过长，以防止大脑皮质产生保护性抑制，从而降低学习兴趣。即便是对于同一项内容要进行重复地学习，我们也要注意变化一些方法，最好能和孩子感兴趣的游戏结合起来，这样孩子会在玩中学习，动静交替，也就不容易产生厌倦感了。

2.让孩子在努力后体验到成功的快感

古人说"十年寒窗"，可见学习是一件苦差事。但是如果只是一味地苦读，没能品尝到收获成功的回报的话，那么时间长了势必会厌倦。因此，当发现孩子有点滴进步的时候，父母都应看到并给予适当的表扬或鼓励，哪怕是一句"今天很不错"的话。当他体验到成功的快乐，就会激励自己再下苦功去争取更大的进步。

3.采取多种手段调动学习兴趣

家长应该学会使用手段来调动孩子的学习兴趣，比如使孩子尝到成功的滋味，适当地夸赞孩子，刺激孩子的好奇心和求知欲，以身作则树立榜样。此外，避免总拿成绩优秀的孩子和自己的孩子比较，不要让孩子依靠父母的帮助解决困难。

专注也需要劳逸结合

关键词

劳逸结合　张弛有度　全面发展

指导

俗话说"一张一弛，文武之道"，对于孩子来说，劳逸结合的方法同样意义重大，只有在学习上做到劳逸结合，才能满足孩子的生理发育和心理发展规律，才能让孩子较长时间地保持对于学习的主动性和专注性。

可是，很多家长没有这样的意识，以为只要让孩子延长学习时间，就能学到更多的知识，殊不知，这样非但不会让孩子学到更多，反而会使孩子注意力涣散，从而降低学习效率。

著名的早教专家卡尔·维特通过对自己的儿子成功教育的事例，总结出这样的道理："在现实生活中，有时付出和收获之间并不能完全画上等号，想要有好的收获，除了付出必要劳动，还需要有好的方法，如果方法不当，再多的劳动也难得有好的收成。"

案例

林尧每天上课都哈欠连天，注意力涣散，老师讲课的时候，经常听着听着就睡着了，有一次，林尧上课睡觉的问题被班主任发现了，被叫到办公室问话。班主任询问原因后才知道，原来林尧的妈妈希望林尧学习成绩有所提升，给他报了培训班，每天晚上都去学习，基本上没有多余的时间，晚上都是10点以后才睡觉，上课才会打瞌睡。

听到这些之后，班主任让林尧回去好好上课，并且给林尧的妈妈打了一通电话，告诉林尧妈妈，这种做法是不对的，虽然每个家长都希望自己的孩子成绩能够提升，但是这种强迫性的学习，不仅让孩子很辛苦，上课也无法完全集中注意力，学习成绩也不会提高。

在通过老师和家长的沟通之后，林尧妈妈终于同意了老师的建议，取消培训班的学习，让林尧能够跟其他同学一样，正常安排作息，劳逸结合。当然，在双方的共同努力下，林尧的成绩也有了起色，注意力也提升了很多，整个学习状态也比以前好了。

技巧

注意力的提升及学习效率的提高都需要孩子清醒而敏捷的头脑，而为了有一个清醒而敏捷的头脑，适当的休息、娱乐是必不可少的。不分昼夜地苦读，大脑就会处于疲劳状态，就会出现注意力不集中、记忆力以及思考能力下降、大脑反应迟钝等现象。而时间一旦超出身体的自我调节范围，还会出现肩颈酸痛等生理症状，这是任何人都会有的本能反应。

如果让孩子一门心思扎到书堆里，不分白天黑夜地学习，读死书，那么，他们的脑细胞就会开始反抗了，停止运动了，加上心情也变得更加紧张和压抑，自然就会头昏脑涨，注意力涣散，反应迟钝，学习效果自然不会好。

所以，我们要让孩子学习一段时间，运动一段时间，有张有弛，这样就能让自己保持一个健康的、积极向上的精神状态，心情好了，学习起来也会更专注，更有动力，效率也会高出很多。

1.学习计划的安排要张弛有度

学习计划是学习过程中十分重要的环节，有些孩子没有安排学习计划的习惯，在学习时摸不到头脑，常常由于晚上很难完成作业而做不到劳逸结合，甚至对所学内容产生厌烦心理，注意力集中也就无从谈起了。这时，家长就要帮助孩子安排一个正确有效的学习计划，为他更好地学习做出规划。

父母在帮助孩子制订作息时间和学习计划的时候，不仅要随时观察孩子的反应，尽量征求孩子的意见，而且一定要将每天具体的作息时间和较长时间内应达到的目标分清楚，注意长短计划相结合。在制订学习计划的时候，一定要注意张弛有度、适合孩子的实际情况，只有这样，才能有助于孩子形成科学而专注的学习和生活规律。

2.在合适的时间做合适的事情

对于孩子而言，休息、体育运动、做家务等，都是一种调剂方式，从合理安排时间的角度而言，不能够算浪费时间。但是，如果将一整个早上的时间全部安排在做家务、睡觉、打球等事情上，中午和下午才开始学习，那只能说，这是在浪费生命。

一天的黄金学习时间就是上午，在这个时间段，将重点放在学习上，而下午的时间，则可以适当安排和同学、朋友一起体育运动，在家帮助家长做家务，晚上则可以早点休息，这才是正确的时间安排法。

3.为孩子留出活动时间，促进全面发展

很多家长都认为学习是孩子的天职，实际上活动对于孩子的发展，以及学

习成绩的提高也有很大帮助,它不仅是劳逸结合中"逸"的最好方式,而且还是提高孩子智力发育和综合素质、促进全面发展的最佳助手。

在培养孩子劳逸结合的学习方法的同时,家长可以适当安排多种课余活动,比如郊游、看电影、参观博物馆等,培养孩子多种业余爱好,如集邮、棋类、跆拳道、摄影等,以丰富孩子生活,让其在学习之余了解更多自己感兴趣的东西。

在日常生活中,适当给孩子安排活动时间,或者有意识地让孩子做些他愿意去做的家务,不但能够锻炼孩子的自理能力和独立精神,而且对于他的智力和注意力的发展也会有很好的作用。

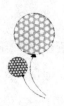

让孩子把注意力放在正确的地方

关键词

明确目标　全神贯注　劳逸结合

指导

　　做任何事情，我们都知道设定目标的重要性。有了目标，我们就有了明确的方向，在具体操作过程中，也就更容易专注于目标，并最终实现目标。在培养孩子的注意力方面，同样需要"目标"。当然，这里的目标并不是要孩子达到一种什么程度，而是让孩子有明确的注意对象。

　　当孩子带着明确的注意对象去观察，那么他的注意力就会得到提升，做起事来也更容易达成目标了。

案例

小峰非常喜欢观察，有时候盯着一个角落也能看上半天。他非常喜欢上网玩"找不同"，就是在两幅相似的画当中找出不同点来。小峰的父母并不阻止孩子，他们觉得这样有利于孩子变得更加专注。

然而，小峰的学习成绩一直很难提高，虽然他很细心，但是总不见他的复习有什么显著的效果。对于这一点，小峰的妈妈感到很着急，却又不知该从哪儿下手。直到有一天，他妈妈偶然发现了问题所在。

那天，他们全家一起看电视。在电视剧剧情发展到高潮的时候，突然插入了广告。在抱怨的同时，小峰妈妈突然心血来潮，准备考验一下儿子。于是她问小峰："小峰，你看得这么专注，现在告诉妈妈，刚刚男主角穿的衣服是什么颜色的？女主角的包又是拿在哪个手上的？"小峰想了半天，答出了男主角衣服的颜色，可是女主角的包拿在哪个手上却怎么都想不起来。他甚至没注意女主角拿了包。

没能猜对让小峰很不高兴，他嘟囔着："你又没有提前说，你要是让我注意观察画面，我一定记得的。都在看故事情节，根本注意不到。"小峰的妈妈突然明白了，小峰不是注意力不集中，而是没有给他明确注意的对象，没有重点才会让他手足无措的。

技巧

通过这个故事，我们可以发现，对于没有明确注意对象的"注意"，效果是会大打折扣的。小峰之所以没有记住刚刚出现的情景，正是因为他没有明确应该注意的对象。试想，如果事先告诉他，要注意即将出现的画面，不管什么细节，要尽可能地记得，那么小峰一定能够顺利地答出答案。

同样，我们可以举另一个生活中的例子，如果我们问孩子，他每天从学校到家的这段路会有几个路口，孩子多半是回答不上来的，甚至我们问他从自己家居住的楼房到隔壁的楼房之间有几棵树，他也回答不上来。

在很多父母看来，孩子真是太心不在焉，太"熟视无睹"了。其实这不怪孩子，而是因为他没有明确的注意对象。有些孩子做作业很慢，有些孩子则会做得又快又准确，这除了孩子之间的智力差别之外，还有一点很重要的区别，就是他们是否明确了要注意的对象——作业，而不是玩具或电视。只有明确了注意对象，孩子才不会东瞧西看，不会开小差，而是把注意力都集中到作业上，速度自然比那些没有明确注意对象的孩子要快很多。

1.培养孩子对学习的自觉的责任感

对于小一些的孩子来说，他们还未能建立起对学习的自觉的责任感。这时候，虽然孩子能够暂时因为一定目的的注意任务而控制自己的注意，但是要做到持久注意却很不容易。

孩子们知道，必须听老师或者家长的话，按照要求行事，否则就会受到斥责。因此，这时候他们的有意注意，其实是被迫的，而不是自觉的。

但是，随着孩子年龄的增长，他们对于自己学习的责任意识也在逐渐增强，渐渐地，就会在某种程度上自觉地组织自己的注意，从而使有意注意从被迫的水平提高到自觉的水平。

2.帮助孩子找到重点

当孩子成绩不理想的时候，有的家长第一反应就是批评孩子不用心。有的孩子对于父母的指责可能会顶嘴。其实，有时并非孩子没有用心，而是找不到重点。对于我们成人来说，找出一篇文章当中的重点可能并不是难事，但是对于判断力不够好的孩子来说，就困难了。所以，家长应该要帮助孩子，让孩子学会找重点，有了明确的注意对象，孩子的专注力自然就能提升了。

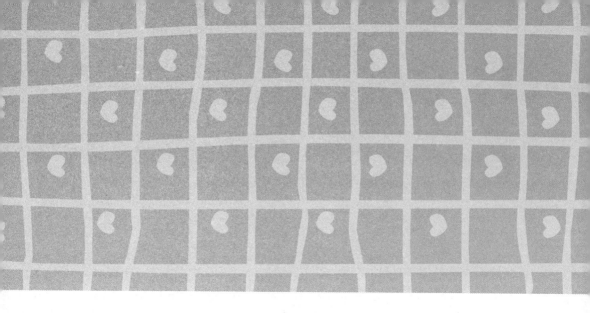

第四章
专注力之情绪感染法：
热情会让效率事半功倍

良好的情绪有助于人的大脑工作效率的提高，会使一个人更加积极、主动、投入地完成一件事情。因此，家长们应注重对孩子调控自身情绪的能力的培养，争取使孩子将注意力集中到有益于自身成长和进步的事情中去。

多给孩子积极的情绪刺激

关键词

良好的情绪　理智的爱　控制过严

指导

任何人的情绪都会或多或少受到环境的影响，小孩子就更为明显。孩子在面对一些问题的时候，常会生出各种各样的情绪。心理学家经过相关的调查得出结论，如果是那些不好的情绪，就很容易让孩子失去信心，这时候假如没有得到科学的引导，那么孩子就会破罐子破摔，越发觉得自己什么都做不好。

相反，良好的情绪则可以提高大脑和整个神经系统的活动，对孩子的健康成长和专注性的培养都大有裨益。不难理解，当孩子情绪良好的时候，那么他在课堂上的反应就会积极踊跃，他的大脑的工作效率就高，注意力就更容易集中。所以说，要想培养孩子的专注力，家长们不能忽略了激发孩子的良好情绪。

案例

诺诺的妈妈是个非常谦逊的人，从来不爱出头露脸，什么时候都表现得很谦卑。在和同事、朋友们谈到自己的孩子时，诺诺的妈妈也是如此。比如，她经常和大家说如下一些话：

"哪里呀，我那闺女可让人操心了。"

"唉，我家诺诺恐怕没有多大出息。"

"压根儿不是学钢琴的料，我看简直白给孩子花钱请老师了。"

"考试前，我拿一些题目考孩子，孩子啥都能记住，结果一考试啥都忘了，你说这是什么脑子啊！"

虽说这些话都是妈妈在跟别人交流时，随口说出的一些自谦的话，但这让刚上小学六年级的诺诺听到后，就被引入了一种误区：这是妈妈对自己的最终评价，自己真的就像妈妈说的那样差。渐渐地，妈妈发现，诺诺做事越来越不用心，有时候就是随便应付一下，还总说"我就是不行"这样的话。

见闺女和从前大不一样，诺诺妈妈开始认真反思，最终意识到，可能是自己平时对女儿的评价太消极了，影响了孩子的情绪。后来，诺诺妈妈试着换一种方式来评价孩子。在诺诺面前，即使一句话、一个动作、一个眼神，妈妈都力争给孩子一个正面积极的暗示，以激发孩子良好的情绪，比如，诺诺取得一点成就，她就会及时表扬：

"哈哈，我闺女怎么这么聪明呢！"

"好宝贝，你的想法太有创意了！"

考试没考好，妈妈则会信心满满地对诺诺说：

"不要担心，下次肯定能考好的，我相信你的能力！"

很快，这些"润物细无声"的话在诺诺的学习、生活等方面起到了明显的作用，那个不专心的诺诺不见了，取而代之的是一个注意力集中、一心一意投入到学习和做事中的乖乖女。同时，诺诺也从之前的"我就是不行"的情绪中走了出来，如同吸收了甘露的小树苗般，浑身充满了奋斗的力量和必胜的信心，从而以饱满的热情重新去对待自己的学习。

技巧

诺诺是幸运的，因为孩子有一个善于发现问题并改正错误的好妈妈。试想，如果诺诺的妈妈一直像之前那样评价孩子，那么诺诺恐怕会破罐子破摔下去，别说专心学习和做事了，就连正常的心理都会失去，甚至成为一个"问题少女"。

由此说来，我们在教育孩子的过程中，一定不能忽略了对其良好情绪的培养。只有孩子保持着积极的、乐观的、自信的情绪，他才更容易把注意力投入到自己需要做的事情中去。

1.给孩子理智的爱

父母都是爱孩子的，但是这种爱不能无原则，而应该是在理解孩子的基础上给予的理智的爱。家长可以满足的是孩子合理的要求，而不能对孩子过分地溺爱和无原则地迁就。否则，孩子的"胃口"就会越来越大，难以感受到满足和幸福，会由于无法满足而变得痛苦和压抑，做起事来也容易变得畏缩、停滞不前。这样一来，孩子的专注力根本无从谈起。

2.对孩子也不能控制过严

太爱孩子不行，控制过严也不行。虽然管理孩子是家长们必须要做的功课，但有的家长做得有些绝对。父母要实行适当的"家庭内民主"，从小就给孩子自己做选择的权利，这样会让孩子感受到真正意义上的快乐和自在。

3.及时帮助孩子排解不良情绪

每个人在成长过程中都会碰到挫折和烦恼，都会遭受不良情绪的干扰。孩子年龄小，自我控制能力很弱，自我调节能力也很弱，家长要教孩子学会调节自己的情绪，保证孩子心情舒畅。特别是当孩子遇到困难时，别忘了要引导他以积极的态度去克服。

幼小的孩子还不懂得怎样排除不良情绪，让自己快乐起来，作为父母的你一定要帮助他。比如，当孩子放学后闷闷不乐，也不爱多讲话，你可以耐心地询问。如果孩子还是不愿意说，那么你也不要放弃，而应先争取孩子的信任，引导着孩子把话说出来。这样才会帮他分析问题的原因，寻求解决的办法。这样，孩子的烦恼才会不攻自破，快乐才会降临到孩子的身上。

4.尽可能培养孩子广泛的兴趣爱好

很多父母都有体会，那些性格开朗，心态积极的人总有忙不完的事，即使业余时间，他们也是"放下耙子就是扫帚"。其实，孩子也同样，如果一个孩子仅有一种爱好，就很难保持长久的快乐感觉。所以，父母要多引导孩子养成广泛的兴趣和爱好，这样会在很大程度上帮助他获得快乐和满足。

让焦虑从孩子身边走开

关键词

焦虑　比较心理　放松

指导

　　多数情况下，父母面对孩子注意力不集中时就容易责备孩子，可往往越责备效果越不理想。其实，这些父母不知道，有些时候孩子注意力不集中是因为压力太大造成的，父母的责备只会增大孩子的压力。在教育心理学中有这样一句话：孩子注意力不集中，学习不好，百分之八十来自于压力。这种压力可分为两方面，一方面是来自学习本身的压力，一方面是来自家长和老师赋予的压力。

　　当压力压得孩子喘不过气来时，他们的内心就会无比煎熬，时常处于焦虑之中。这样一来，孩子的精力就被分散了，注意力也就更不容易集中了。

案例

孙阳是一名小学五年级的学生。原本成绩很不错，考试总能在前五名。可是很不幸，因为一场病，使孙阳不得不休学一年。

身体恢复之后，孙阳的妈妈怕儿子跟不上以前的课程，就让他读去年就该上的五年级。可是，回到学校后，孙阳看到自己曾经同班的同学都升入六年级，明年就能考初中了，而自己才上五年级，不由得自卑起来。他觉得自己如果不这么笨，身体如果再好些，也可以和同学们一样明年考初中了。

在这种自卑情绪的笼罩下，再加上一年的时间脱离学校和课堂这样的环境，在新同学们面前，孙阳显得很疏离，对待学习也很消极。课堂上，他再也不像从前那样积极乐观，而是变得沉默寡言，不喜欢回答问题。每次考试前，孙阳的情绪就表现得更明显，他总是忧心忡忡的，觉得自己作为留级生，再考不好的话，会很没面子。

可是，越是没信心，就越学不好。结果考试的时候因为孙阳的心理状态不好，很多会做的题目，也变得不会做了。在这种周而复始的恶性循环下，孙阳的心理越发脆弱起来。对学习也渐渐地失去了信心，他不知道自己该怎样才能学好。他甚至对学校感到害怕和厌倦，他每天都很忧虑。

对于儿子的状况，父母看在眼里，急在心上。他们难以接受曾经优秀的儿子在一年之内居然变成这个样子。他们也不知道该怎样帮助儿子排遣压力，为此十分苦恼。

技巧

如果你的孩子也像孙阳这样，因为遭遇一些打击和变故就无法专心投入到学习中去，而每天都沉浸在焦虑情绪里，那么你肯定也会像他的父母一样备感苦恼。可是，作为父母，我们能做的就是帮助和引导孩子尽快摆脱这种焦虑情绪，让他把状态调整好，积极而专注地投入到日常学习和生活中去。因此，我们一定要关注孩子的心理变化，及时帮助孩子缓解自己的焦虑状态。

1.父母要戒除比较心理

有些父母很爱拿自己的孩子和别人做比较，当自己家孩子表现得比别人好时，就沾沾自喜；当自己孩子不如人时，就以此来刺激孩子，试图激发孩子前进的激情和动力。

然而父母们不知道，这会对孩子心理造成极大的伤害。

孩子和大人一样，都有强烈的自尊心，为了这份自尊，他们会追求上进，追求别人的赞美。也因此，他们对自己都有一定的期望值，当达不到时，他们也会感到沮丧，这时，如果父母还要拿孩子的短处与他人的长处进行比较，就好比往孩子的伤口上撒盐，会让孩子越发觉得自己没用。

所以说，做父母的，不能仅仅从自己认为的角度去做"对孩子好的事"，而应该多关心孩子的心灵，放低标准，给孩子减压。

2.帮助孩子进行放松训练

有时孩子难免会出现一些负面情绪，这个时候，说教往往是不起作用的，甚至可能引起孩子的逆反心理，会让孩子的情绪变得更糟糕。所以，如果家长发现孩子有不良情绪的时候，可以试着带领孩子释放情绪。

比如孩子消沉的时候，可以带着孩子到户外运动一下，通过运动，可以激发我们的良好情绪，而且对身体也是一个锻炼。如果孩子情绪比较焦躁，那么可以放一些轻音乐，让孩子休息一下，进行深呼吸，等等。这样有利于平复孩子的不良情绪。

把忌妒从孩子的心里赶出去

关键词

小心眼　积极向上　克服不足

指导

　　对每个人来讲，都或多或少存在一定的忌妒心理。常听人们说"忌妒之心，人皆有之"。可以说，这种"负面情绪"几乎是与生俱来的。

　　如果仔细观察一下，我们不难发现，一个 1 岁左右的婴儿在看到自己的妈妈给别的孩子喂奶时，就会出现哭闹不安等反应。再略微大一点的时候，自己的爸爸妈妈都不能抱其他的小朋友，否则就哭闹着爸爸妈妈抱自己。当孩子长到五六岁时，忌妒心更会上升，如见到其他小朋友的玩具比自己的好，穿的衣服比自己的鲜艳，骑的童车新颖，便会感到不快。

　　其实，忌妒心理较强对孩子注意力的培养和提升毫无益处，它只会让孩子更容易分散注意力。因为孩子受忌妒心理的影响，情绪往往处在一个不太愉悦的状态，而且这样的孩子特别"小心眼"。一个小心眼的孩子，对周围的事物就会更敏感，遇到刺激也会更脆弱，所以注意力也就更难集中了。

如果自己的孩子有这种情况，父母有必要培养孩子在竞争中的高尚情操，让孩子知道这样做不够"君子"，让他认识到竞争不应是封闭，更不是阴险和狡诈、暗中算计人，而应是齐头并进，以实力取胜。

案例

在一个小学生家长的交流群里，大家正谈论关于孩子忌妒心理的问题。只听一位妈妈说：我家姗姗都9岁了，以前还觉得她挺乖巧懂事的，可现在越来越让我发现她的忌妒心很强。在小区里见到别的邻居的孩子，我只要逗人家一下，她就大声吼叫，严厉制止；如果我夸奖别的小朋友两句，她也受不了。最近，她因为作文比赛只得了二等奖，而她的好朋友得了一等奖，她就又忌妒心泛滥了。

另一位爸爸接着说道：我家月月本来和同学畅畅很友好，两个人每天一起上下学，一起做作业，有什么喜欢的东西也乐于分享。但是最近，因为畅畅被评上了三好生，她就和人家疏远了。我让她向畅畅表示祝贺，并要争取向畅畅学习，她可倒好，居然跟我说："那有什么了不起的，不就是个'三好生'嘛，从小到大我得过好多次呢！"

技巧

作为孩子的父母，也许你也有和上述两位妈妈同样的感受。事实上，妒忌是一种很正常的情绪体验，几乎每个人都会有。

对于忌妒这种情绪，我们承认它是一种十分自然的反应。尽管如此，父母也不能在孩子的忌妒情绪方面听之任之，因为如果忌妒情绪过多过强，时间一久，它就可以成为孩子人格的一部分。

事实上，孩子之所以忌妒别人，其根源在于他对自己缺乏信心，认为自己比别人差。因此，要医治孩子的这一心理，父母就要给孩子足够的爱，当孩子取得进步时，父母要及时予以肯定，让孩子有成就感和幸福感。这样，孩子就不容易被别人的好运所打动，反而用更多的时间来充实自己，发挥自己的优势；同时，孩子还会因为父母的爱和鼓励而变得宽容，变得大度。

因此，当父母发现自己的孩子忌妒行为过强时，万不可听之任之，放任不管，而应进行正确的指导，帮助孩子拥有一个良好的心态。

1.教导孩子积极向上

一个忌妒心强的孩子往往自尊心、虚荣心都很强，父母可以利用他这种虚荣心、自尊心，激励孩子的竞争意识，使他积极努力。父母可以这样和孩子说，你希望成功，别的宝贝也希望成功，在大家都努力获胜的情况下，结果可能是这次你胜利了，下次又变成别人胜利。只要有强烈的进取心，不管结局如何全都是有志气的宝贝。最终让你的孩子逐渐形成既希望自己获胜，也能在心理上容纳别人成功的心理。

2.帮助孩子克服不足

忌妒情绪的产生，往往是由于自身在某些方面存在不足而导致的。父母要帮助孩子找出自身的不足，并帮助她努力克服。比如，有的孩子看到别的小朋友画得比自己好，就会产生忌妒心，这时家长要帮助孩子提高绘画能力。只要你的孩子各方面的能力都得到相应的发展，那么他的忌妒心就会相对减弱。

3.引导孩子正确竞争

当孩子的忌妒心理产生后，父母不妨把它引导到让孩子树立正确的竞争意识上来。为此，父母可以告诉孩子，别人领先获胜后，自己生气不是本事，而是应激发自己的斗志，敢于和对手展开竞赛。这次你获胜了，下次我要通过努力超过你，和你比一比。同时家长还要告诉孩子，别的孩子获得成功了，肯定有许多优点值得你去学习，你要努力学习人家的长处，这样你才能不断进步，取得成功。

4.为孩子树立良好榜样

俗话说"言传胜于身教",在日常生活中,孩子会受到父母一言一行的影响。因此,要想让自己的孩子远离忌妒,父母首先要养成开朗、豁达、包容的个性,不为一些琐事斤斤计较,为孩子树立一个良好的榜样。久而久之,你的孩子就会在潜移默化中形成豁达包容的良好个性。

别把自己的负面情绪传递给孩子

关键词

> 情绪污染　家庭氛围

指导

自然环境受到污染,会让我们呼吸不畅,有损我们的身体健康。可爸爸妈妈们是否知道,孩子的情绪也会遭受污染。那么什么是情绪污染呢?情绪污染指的是在一个特点的环境中,人们不自觉地觉察、体验其他成员尤其是主要成员的情绪,然后改变自己的情绪状态。情绪污染也叫作情绪移入。

孩子的心智尚不成熟，容易受到他人的影响，特别是爸爸妈妈的影响。他们的自我建构是伴随着父母对事情所作出的反应来完成的。父母说的话和话语背后的态度以及情绪状态，都会让孩子觉察到发生了什么。可以说，家长对于事件的态度和做出的反应会直接影响着孩子。所以，为了避免孩子遭受情绪污染，父母应该做出相应的努力。

案例

森森的爸爸在一家大型民营企业做策划总监，工作强度较大，压力自然也不小，特别是年底前的一段时间，爸爸更是经常加班。身体的疲惫加上精神的压力，使森森的爸爸那段时间情绪一直很差。

有一天，累了一天的爸爸，下班后吃着饭桌上食之无味的饭菜，不禁数落起森森的妈妈来。可是妈妈劳累了一天，回家还要洗衣做饭带孩子，本来就满心委屈，不但没得到丈夫的安慰，反而换来一张黑脸，于是非常恼火。爸爸的埋怨，妈妈的委屈，两个人你来我往便吵起架来。

这时候，森森恰巧回家，一进门就看到爸爸妈妈争吵的一幕，吓得号啕大哭。直到第二天早上，森森还因为头一天晚上的惊吓而郁郁寡欢。白天上课的时候，森森也总是想着爸爸妈妈吵架的事，一整天都处于精神恍惚之中，注意力始终无法集中。

技巧

有时，家长之间难免存在矛盾，成人之间的争吵或许并没有什么实质的意义，只是一时的情绪，相互发泄罢了。但是，对于孩子来说，这是非常可怕的。父母的情绪可能很短暂，但是对孩子的影响可能会比较深远。作为家长，应该时刻注意对孩子的影响，不能因为自己一时的情绪而伤害了孩子。

1.不要回家发泄情绪

家长在外面忙了一天，有时情绪难免不好。回到家之后，可能感觉到身体和心理的放松，那些情绪自然就发泄出来了。虽然对于家长来说这是有利的，但是不良情绪会直接影响到孩子。孩子和成人不一样，他们的情商还不够高，没有学会调节情绪，所以负面情绪可能会盘驻在他们心中，使得孩子的情绪会一直消极下去。

作为家长，要有对家庭的责任心，学会将不良情绪拒之门外，让孩子回家之后能够感受到一个温馨的环境，才是家长应该做的。

2.不要在孩子面前诋毁他人

所有的孩子最害怕的都是父母争吵。虽然在家长看来，有时争吵是增进感情的体现，但是孩子的分辨能力还不够好，他不能客观看待。对于他来说，父母都是最亲近的人。如果家长在吵架的时候互相诋毁，会让孩子处于矛盾当中。比如说，妈妈对孩子说爸爸的坏话，或者爸爸指责妈妈，这样就会让孩子感到痛苦，陷入不幸当中。这自然会分散孩子的注意力，让孩子时刻被负面情绪控制，不能全身心地投入到学习当中。

3.父母需把握好两个时间段内的家庭氛围

通常情况下，和孩子相处的时间主要是早上和晚上。早上的时候，往往因为时间紧张，父母无法忍受孩子磨磨蹭蹭，就很容易把火气撒到孩子身上。这样势必影响孩子一整天的心情。另一个时间段是晚上临睡前，如果因为自己白天心情不好而在晚上的时候把情绪释放给家人，那么孩子就很难睡个好觉。所以说，不管怎样，父母都要克制情绪，别形成污染源，否则会对孩子大有害处。

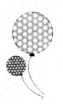

不畏难的孩子才有专注力

关键词

果敢　坚韧　信心百倍　鼓励

指导

毋庸置疑，现在的社会是一个充满着激烈竞争的社会，要想让孩子获得良好的生存和发展空间，就离不开对其专注、坚韧不拔的品质的重视和培养。只是，现在有很多孩子太复杂，不能静下心来好好做一件事，一遇到困难就畏缩不前。

父母们不难想象，这样的孩子长大后，将难以在社会上有立足之地。所以，我们要想培养一个有出息的孩子，就要从小重视孩子的果敢、坚韧的性格品质的培养。当孩子拥有了这样的精神品质，他才会不惧艰难，专心攻克一个又一个困难，迎接一个又一个挑战。

案例

　　曾经有这样一位让美国人民和世界人民怀念的卓越的政治家，他的名字叫林肯。林肯既没有声名显赫的出身，也没有受过系统的教育，但他最终却成功了。这其中最重要的原因就是他有一股失败后不忘继续前进的毅力和品格。

　　林肯少年丧母，从小就从事劳动，放过牛，种过地，和父亲一起拉过车。

　　逐渐长大后，林肯又做过很多普普通通的工作，他当过店工、邮递员、测量员。

　　在贫穷的出身和痛苦的生活面前，林肯不但没有退却、畏缩，而且能够顽强拼搏，勇于进取。

　　1832 年，林肯失业了。由于失去了生活的保障，林肯感到很难过。但是他想起自己要当政治家的梦想，又重新振作起来。然而糟糕的是，他竞选州议员失败了。

　　接着，林肯着手开办企业，可是才几个月的工夫，企业又倒闭了。此后的十多年时间里，林肯只得为偿还企业所欠的债务而辛苦奔波，饱经磨难。

　　随后，林肯又参加州议员的竞选，很幸运，这次他成功了。

　　可是命运似乎总要和他开玩笑，就在一切顺利进行的时候，他马上要结婚的未婚妻却不幸逝世。受到了如此巨大的打击，林肯患上了精神衰弱症。

　　1838 年，林肯觉得身体已经恢复，于是决定竞选州议会议长，可是落选了。时隔 5 年，他又竞选美国国会议员，仍然没有成功。

　　但是林肯还是没有放弃。1846 年，他又一次参加竞选国会议员，这一次，他当选了。

　　之后，又经过起起落落几番遭遇，最终到 1861 年，林肯终于当选为美国第 16 届总统。

技巧

看完林肯的故事，我们不难看出，林肯的成功主要取决于他面临困难不退缩的坚韧不拔的精神。林肯曾说过："此路艰辛而泥泞，我一只脚滑了一下，另一只脚因而站不稳。但我缓口气，告诉自己，这不过是滑一跤，并不是死去而爬不起来。"的确，只要在任何困难面前都选择坚强，在跌倒无数次后，还能重新爬起来的人，那么就能登上成功者的宝座，摘取胜利的桂冠。

可是看看我们现实生活中的孩子，很多都是今天热衷下棋，明天迷恋舞蹈，哪一样都无法长久。这其实就是他们内心心浮气躁，害怕困难导致的。

孩子一旦有了畏难情绪，那么不管是学习还是生活上，都会出现一定的问题。事实上，畏难情绪与自信心是相互对立的。一个有畏难情绪的孩子，必然难以取得好的学习成绩，也比较容易失去对生活的信心。可以说，畏难情绪是孩子学习和生活中最大的敌人。所以，我们应该培养孩子专注做一件事的习惯和品质，遇到困难不退缩，这样的孩子才能在今后的人生路上取得成功。

1.鼓励孩子战胜困难

孩子有畏难情绪是正常的，有时并非孩子做不到，而是缺乏助力。如果家长能够推孩子一把，那么他可能就有了战胜困难的勇气，当他跨越了沟壑之后就会发现，原来并没有想象中那样难。通过成功，能够增强孩子的自信心，在以后的生活当中对于孩子是一个正面的影响，让孩子能够不惧艰难险阻，勇往直前。

2.和孩子分享自己的失败经验

在日常生活中，家长也应树立起时刻为孩子做典范的意识，不要流露出害怕失败而放弃的思想。当家长面临一次次的失败时，千万不要流露出放弃的思想，而应以这样一种语式对孩子说："我这次还没有学会，但我发现我能……我决定多向教练请教，加强练习，我相信我一定能学会的。"家长对失败的态度，直接影响到孩子，所以，家长一定要给孩子树立起好的榜样。

马丁·塞利格曼在《乐观儿童》中有一句这样的话："孩子要想成功，必须学会接受失败，感觉痛苦，然后不断努力，直至成功来临，每一过程都不能回避。失败和痛苦是构成成功和喜悦最基本的元素。"

任何一个人的成功，都要经历失败的洗礼，孩子也不例外。作为家长，我们应该培养孩子面对失败永不退缩的勇气，并帮助孩子总结经验教训，建立适度的期望水平，鼓励孩子在挫折中奋起。

让孩子看到自己身上的闪光点

关键词

闪光点　精神压力　放下负担

指导

要想专心致志地做好一件事，无论是谁，都需要卸下头脑中的负担才行。一个顶着精神压力的人是很难把心思完全放在需要做的事情上的。而一个缺乏自信心的人，最直接的结果就是无法将负担放下。如此说来，要想让孩子具备很强的专注力，那么就离不开对其自信心的培养。可以说，专注力是孩子成功的基础，而自信是专注力的精神保障。

案例

小时候的爱迪生在老师及周围很多人的眼里，都是一个"笨孩子"。爱迪生7岁那年，他的妈妈把他送到了学校。

爱迪生的学习成绩经常是全班倒数第一，因为他总是在课堂上想一些问题，比如，既然摩擦动物的毛可以生电，那么，如果把电线接在猫身上，再用力摩擦猫的毛是不是可以发电？

他的老师恩格尔终于忍无可忍，便把爱迪生的妈妈叫到学校来，对他妈妈说："我怀疑这个孩子的智商有问题。"让爱迪生的妈妈将爱迪生领走。

只听爱迪生的妈妈说："据我观察，爱迪生还算聪明……"

恩格尔反驳道："不不不，他总考全班倒数第一，并总提荒唐古怪的问题。"

妈妈不以为然地说："恩格尔老师，当牛顿发现一个苹果掉下来，提出了个问题：苹果为什么往下掉而不往天上掉？就是这样一个看似荒诞的问题，却成了牛顿发现万有引力定律的第一步。我们能说，牛顿不该提出这样的发问吗？"

恩格尔一时不好回答，可他还是坚持己见，边敲着桌子边说："牛顿是谁？您的孩子又是谁，能相提并论吗？您的孩子就是一个不折不扣的笨蛋。"

爱迪生的妈妈发怒了，对恩格尔说："我不许你这么污蔑我的孩子，他是世界上最聪明的孩子。让你这样没有教养的人来教育我的孩子才是我们的不幸呢！"说完头也不回地就带着爱迪生回家了。

爱迪生一生中唯一正规的教育虽然就这样结束了，但是他受到母亲的感染却很深。走在回家的路上爱迪生对妈妈说了一句心里想了很久的话："妈妈，长大后我要成为世界上第一流的发明家！"妈妈看着小爱迪生欣慰地笑了。

技巧

从这个故事中可以看出，爱迪生的妈妈从未打击过孩子的自信心，相反一直在帮助孩子树立自信心。爱迪生有这样一位妈妈是幸运的。那么我们的孩子是否也这样幸运呢？

诚然，要每一个孩子都成为"爱迪生"似乎是不可能的，但是作为父母，永远都不要打击一个孩子成为爱迪生的信念。为此，在日常生活中，我们就要时刻注意培养孩子的自信心。当你的孩子带着来自父母的赞扬、鼓励和信任面对每天的学习和生活的时候，那么他的内心必定是充满力量和信念的，而这也为他的专注力提供了有力的精神保障。

1.发现孩子身上的闪光点

一个能力再差的孩子，也不会没有优点。作为父母，我们需要做的就是发现孩子身上的闪光点，并及时鼓励孩子。这样，才能不断地强化孩子认定自己有能力的心理。

2.发自内心地表扬孩子

父母们大都知道赏识孩子的重要性，但对于如何正确地赏识却未必都知道。其实，赏识孩子，最重要的就是要发自内心，从内心里为孩子发出赞美，对孩子的成绩和优点表示鼓励和赞扬。具体来说，真诚的表达应从以下几方面予以注意。

首先，对事情表扬时语言要具体，用词要适当，不宜夸大或缩小。比如"这事做得不错"，"这段时间作业有进步"，"这幅画画得很形象"等，这种表扬的方式可以使孩子明白自己哪些事情能做好，哪些地方有进步，从而明确具体的努力方向。如果再能具体指出好在哪里，则效果更佳。

其次，表扬时语气要诚恳，态度要诚挚。最好能停下所有的事情，认真地盯着孩子的眼睛讲这些话。家长一边忙着事情一边随口地表扬，对于孩子来说是没有太大意义的，也起不到表扬应有的激励目的。孩子们都很敏感，也特别看重来自父母对他们的态度，父母的敷衍态度很容易激起孩子的负面情绪。

再者，表扬的同时可以提出努力的方向，但不宜明确指出孩子的不足。表扬是一种肯定，无论这种肯定是对人还是对事，都可以满足孩子自尊和情感的需要，如果在表扬之后，紧接着就指出孩子的不足，必然会使孩子觉得家长的表扬只是一种口头的敷衍，而真正的目的只是要指出他们的错误，本质上是对他们的一种否定，从而激起孩子的反感。最好的方式应是在肯定孩子的同时，委婉地提出自己的要求，这种要求通常会用"如果……就会更好""如果……就会更喜欢"之类的句型，这种委婉的表达孩子们一般都会乐意接受。如果感觉孩子的某方面问题确实需要明确指出，那最好要等孩子的兴奋之情平复之后，单独地和孩子认真地谈，效果应该会更好。

3.及时找出优点给予鼓励

曾有一位著名心理学家做过一个著名的实验：他在一所小学里，从学生花名册中随意挑出一些学生的名字，并对老师说，根据他们的研究判断，这些学生天资聪慧，能在学习上有大的进步，将来有大出息。

几个月后，年终考试成绩表明，这些学生的平均成绩竟高出其他学生好几分。

为什么随意点出的学生的成绩会明显上升呢？其中一个主要原因就是，教师们受到专家们的"权威性判断"的影响，他们赋予了这些学生以较高的期望，不但以语言，而且还以"鼓励的眼神"和"向他前倾的体态"等来"明示"、"暗示"这些学生："你们比别人聪明"，"这个难题你能解答出来，你再想一想"，这一切都会使这一部分学生更多地动脑思考，努力学习，因而受到不断地更加多的鼓励。另一方面，学生受到教师的影响后，自己也觉得自己是"聪明的孩子"、"我能行"、"我是比别的同学聪明"，于是他们更加用功，学习成绩在不断地上升。这就是"期待效应"或称"暗示效应"。

给孩子一条远离自卑的通道

关键词

自卑　解放　交流　戒除比较

指导

稍微留意一下，你会发现，有些孩子常表现出优柔寡断、怀疑自己的能力，或者装酷，摆出一副对什么都漠不关心的样子，或者排斥他人等，其实这些表现都是自卑性格的体现，这样的孩子对周围关注度不高，自然专注力也不强。

具体一些来讲，自卑的孩子大多说话时不敢正视别人的眼睛，说话的声音也细得像蚊子一样；人多的地方，只敢坐在角落里，不敢表达自己的想法，害怕自己的想法说出来后会遭到别人的耻笑；比赛、竞争，不敢在他人面前表现自己；拒绝交朋结友，不敢与人交流……

如果你也有这样一个孩子，是不是会很郁闷，因为你多么希望自己的孩子成为一个性格开朗，自信活泼的人哪！

从心理学角度讲，自卑属于性格上的一种缺陷，是一种消极的心理状态，是实现理想或某种愿望的巨大心理障碍。自卑就好比加在孩子心灵上的一把锁，它锁住了孩子的开朗和勇敢，锁住了孩子的手脚与心灵，让孩子无法向美好的前途奔去。当孩子感到自卑时，这种消极情绪会像野火般迅速蔓延，从而吞噬孩子坚守的信心阵地，让他失去前进的动力，甚至还会自暴自弃。

案例

刘浩出生于条件较好的家庭，父母都是高级知识分子，良好的生活环境使他无忧无虑地成长。由于家里只有刘浩这么一棵独苗苗，因此他得到了爷爷奶奶、姥姥姥爷、爸爸妈妈无尽的宠爱。他们把全部的希望都寄托在这个小家伙身上，希望他和他的爸爸妈妈一样有知识、有成就，甚至超越他们。

为此，在刘浩还很小的时候，爸爸妈妈就为他制订详细的发展计划。当同龄的孩子还在牙牙学语时，刘浩就已经开始学习英文；三四岁时，刘浩就已经是个"大忙人了"，早上起床要练发声，上午读书，下午学跳舞，晚上练琴。

一刻不停地学这学那，虽然让刘浩懂得比同龄孩子多很多的知识，但他的生活空间和精神世界都受到了严重的束缚，这一点父母并没有看在眼里，仍是一味地督促孩子学习，而且对他非常严厉，所学的课程必须门门得第一，否则就会训斥孩子"这么简单的题目你都不会！""为什么还有比你考得更好的同学？"……

在父母无休止的训斥声里，刘浩一次次自卑地低下了头，也一次次流下了委屈的泪水。

渐渐地，刘浩变了，他仿佛换了一个人似的，那个活泼、开朗、调皮、聪明可爱的他不见了，变成了一个害羞、胆怯，不爱和小朋友们一起玩，上课再也不主动回答问题的孤僻孩子。

技巧

看了这个故事，我们的心里都不免会泛起一丝涟漪，一个优秀的孩子在父母的压迫下，越来越自卑，越来越孤僻。这是刘浩的悲哀，更是他父母教育的悲哀！

事实上，自信心就好比一把照亮我们生命的熊熊燃烧的火炬，高举着它，我们的人生就能驱走黑暗，充满光明。

试想，如果刘浩的父母能够认识到这一点，那么当刘浩没有考第一，但仍然取得不错名次的时候，父母能够报以真诚的夸奖和鼓励的微笑，而不是一副冰冷的面孔，那么，刘浩一定不会流下委屈的泪水，更不会把高昂的头悄悄低下去。

当然，造成孩子自卑的因素还有很多，除了像刘浩这样，父母对自己期望值过高，自己无法实现而自卑，还有的可能是由自己的外在形象引起，如五官不够端正，过胖，过瘦，口吃等缺陷，也或者是受到同学欺负、嘲弄，老师、家长的不正确的教育方式，如批评、挖苦，让其当众出丑等造成的……

不管孩子是因为什么原因造成的自卑心理，作为父母都应该积极帮助孩子走出自卑的心理阴影，为孩子将来走向社会，奔赴一个美好的前程扫除障碍。

1.解放孩子的手和脑

家长包办一切事物，或者动不动就批评孩子，这容易造成孩子自卑。因此，面对这种情况，父母要放开手，让孩子自己去解决问题，只有这样才能逐步培养孩子的自信心。

2.家长要戒除比较心理

家长爱比较也容易造成孩子自卑。有些家长总是拿自己的孩子与他人比较。

可能在父母看来，通过比较可以刺激孩子，进而激发孩子的上进心。殊不知，这会对孩子心理造成极大的伤害。

每个孩子都有自尊心，为了这份自尊，他们会追求上进，追求别人的赞美。也因此，他们对自己都有一定的期望值，当达不到时，他们也会感到沮丧，这时，如果父母还要拿孩子的短处与他人的长处进行比较，就好比往孩子的伤口上撒盐，会让孩子越发觉得自己没用。

所以说，做父母的，不能仅仅从自己认为的角度去做"对孩子好的事"，而应该多关心孩子的心灵，放低标准，给孩子减压。

3.适当降低对孩子的要求

有些时候，并不是孩子笨，而是家长对孩子要求过高，使得孩子很难实现父母的愿望，进而让孩子时时处处被批评、被指责。久而久之，孩子在做事情的时候，往往就会在潜意识里先否定自己：我本来就是很笨的，这个事情我肯定干不好，别人也不会喜欢我的，我一直处于失败之中。

因此，父母不可对孩子定下过高的目标，也不要奢求孩子能完美地做好每一件事，从而让孩子产生强烈的挫败感。要想让孩子达到自己的远大目标，就必须先给他确定容易达到的目标，然后难度一点点加大，目标一步步提高。并在这个过程中一点点肯定他，鼓励他，从而一点点地增强他的自信心。这样的情况下，孩子很容易从自己的行为中获得满足和动力，人也会变得越来越自信。

4.鼓励孩子与人交流

孩子一旦陷入自卑，就不愿与人交流，这对孩子的成长极其不利。家长应常带孩子外出进行户外活动，耐心引导孩子走出自己的小圈子。同时，在户外活动的过程中，家长还可以邀请有相近年龄小孩的家庭一同进行。这样的户外锻炼，既可以让孩子开阔心胸，逐渐敢于与他人交流，也可以增进亲子感情，让爱唤起孩子心中的自信。

乐观也能让孩子专注起来

关键词

快乐的心境　允许不

指导

　　一项研究结果表明，勤奋并非成功的秘诀，快乐才是成功之道。心理学家们说，保持快乐心境的人们更乐于尝试新事物和挑战自我，并在此过程中更容易全身心地投入，从而获得事业的成功、建立良好的人际关系并且保持健康的体魄。乐观积极使人自信，而自信原本就是一种美丽，可以让一个孩子变得更可爱、更快乐、更专注，从而不断走向成功。

　　心理学家们经过长期研究得出结论：乐观的情绪有助于人的大脑工作效率的提高，会使一个人更加积极、主动、投入地完成一件事情。如果孩子能够长期处于积极乐观的情绪中，那么他的注意力也就更容易集中。

案例

方凯在一所重点小学的实验班上学，学习成绩很优异，由于绝大多数时候都能考第一名，以至大家给他送了个绰号——"超级 NO.1"。

然而，这个绰号在叫了几年之后，却在小升初的考试中戛然而止。这次方凯考"砸了"，凭他那点分数，别说上重点中学，就连二级以上的中学都考不上。当看到分数的那一刻，方凯伤心地哭了。他躺在床上想：完了，一切都完了。顿时，方凯恨不得打自己几下。

妈妈看到儿子这样气急败坏的样子，温和地说："谁的人生路上总能够一帆风顺呢？挫折是难免的，对于坚强的人来说，失败更能磨炼他的意志。妈妈相信你，只要用乐观的心态去面对这次的失败，你就会战胜它的。"

听完妈妈的话，方凯沉思了一会儿，他想到了自己曾经在一本书上看到的一句话：生活中，总会遇到许多的小失败和小挫折，但是，只要不放弃，继续快乐地生活，乐观地面对失败和挫折，那我们就称得上是生活的强者！

自此之后，带着这种积极乐观的良好心态，方凯更加专注认真地发愤学习。妈妈还和他一起制订了合理而周密的学习计划，一步步地实践着。就这样，方凯的各科成绩都进步得很快，到初一上半学期考试时，方凯已经名列前茅了。上初二时，校长还破例批准他直接升入高中。

技巧

孩子的乐观离不开父母的安慰和鼓励，离不开父母切实的帮助。案例中的方凯，在遇到挫折的时候，正是由于妈妈的帮助才顺利渡过了难关。

对于父母来说，应该认识到，孩子天性是活泼开朗的，要想让孩子变得积极乐观、活泼开朗其实并不是一件难事。

1.不限制，让孩子享受无"限"快乐

很多父母都喜欢居室整洁，喜欢安静。当活泼好动的孩子把屋里弄得乱糟糟或者喊叫时，他们便会想办法制止。这样一来，孩子只好越来越乖了。这种情况表面上看似乎是父母管教有方，但实际上能带来什么呢？无非是孩子的热情和活力在一点点丧失，孩子的心灵也感受到了压抑。

可是，父母要知道，孩子毕竟是孩子，玩耍是大自然赋予他们的天性，他们需要去鼓捣家里那些他们有兴趣去探索的物品，他们需要去捕蜻蜓、堆雪人、看蚂蚁搬家等，这些按照孩子自己的步伐去探索世界的活动，往往能给他们带来其他活动无法带来的快乐。

2.不严肃，做爱笑的父母

受传统观念的影响，一说到教育孩子，我们脑海里就会闪现"板着脸"的严肃神情。很多父母以为这样才有尊严。其实不是那么回事。要想培养性格开朗的孩子，父母自己也要"笑出声来"。这并不会失去作为父母的尊严。要知道让你的家中充满笑声，是最好的爱的表达。

3.不苛求，允许孩子不完美

由于各方面的能力都还有限，所以孩子总有这样或者那样的不足。如果父母太过追求完美，对于孩子做得不够好的地方总是提出批评或指责，这样会很容易伤害孩子的自尊心，使孩子失去自信。所以，当下一次你想要抱怨孩子某些地方做得不好的时候，不妨先想一想，这个过错会不会和他的年龄有关系呢？5 年甚至 10 年后他还会这样做吗？如果你的答案是否定的，那么请别再唠叨个没完。

给孩子积极的心理暗示

关键词

家庭氛围　赞美孩子　我能行

指导

留意一下我们生活的周围，很多家长经常把对孩子的焦虑挂在嘴边，比如："我家孩子并不笨，可就是不专心"，或者"本来成绩就不好，告诉他一定要专心学习，可他就是不听，真是没辙"……这样的评价实际上是变相地指责孩子，或者说是用消极的暗示来告诉孩子："你很笨"，"你不专心"，"你学习不好"。

殊不知，父母的消极评价会给孩子带来消极的认识，孩子就会真的以为自己笨，自己不专心，自己学习不好。这样一来，带着悲观情绪的孩子怎么还能专心投入到学习中去呢？我们来看一个案例，或许会从中较深刻地感悟到一定的道理。

案例

振振并不是一个聪明的孩子，至少在妈妈的眼里是这样的。振振是个慢性子，做什么事情都慢半拍，再加上温吞的性格，总让振振妈觉得自己的儿子脑袋不够灵光。

但事实上，振振并非智商不健全，他狠聪明，而且比起一般的孩子更细心、更有耐心。做事情的时候，其他的孩子都尽快做完去玩了，只有振振在最后一分钟交作业，因为他想做得更完美，做得更好。但他的妈妈却不这样想。

振振的妈妈总觉得自己的孩子智商不高，有点笨，为此，还总是带着振振测试智商，这样，幼小的振振受到了很大的伤害。他渐渐觉得自己有毛病，真的比别的同学笨。他也变得更加沉默寡言，而且上课时也频频走神，反应真的慢了起来。考完试成绩不理想，振振也归结到自己太"笨"这个理由上，振振妈看儿子成绩越来越差，对孩子失去了信心，放任振振不管了。

技巧

其实，振振的智商再正常不过了，只是他性格温吞而已。在振振妈的眼里，自己的孩子不如别人，所以总是觉得自己的孩子不好。这样，会给孩子造成一种消极的心理暗示。这些暗示会深深地影响孩子，让孩子有一种自己不如别人的想法，并且慢慢会这样发展，让孩子变得自卑。

反过来说，有消极的暗示就有积极的暗示。不管自己的孩子怎样，家长应该多鼓励孩子，让孩子知道自己不比别人差。只有这样，才能让孩子不惧挫折，勇于向前。

1.为孩子塑造一个乐观向上的家庭氛围

有了快乐的家长才会有乐观的孩子，要想你的孩子具有乐观的心态，首先要给他塑造一个和谐、幸福的家庭氛围，这种氛围来源于父母的乐观、自信、豁达，父母的这种态度将深深影响和熏陶你的孩子。

比如，某天早上你出门上班时，碰巧下起雨来。这时候，千万不要说："真倒霉，偏偏要出门的时候就下雨！"因为这样说，并不能改变下雨这个事实，却会让孩子感受到你的糟糕情绪。如果换一种说法，比如你说："呀，太好了，下雨了！绿树和小草都会长得更快一些了。"这样的话语不但会给自己带来一个好心情，同时也会将快乐传递给孩子。长此以往，父母的这种良好心态就会让孩子受到影响，使他无论面对何种环境，都能够保持一种乐观的心态。

2.当孩子取得成绩时家长要赞美孩子

家长应该多赞美孩子，在心理学中，这叫"积极的暗示"，这种暗示对孩子尤其能发挥奇效。据说，著名围棋名手林海峰在很小的时候，他的妈妈就经常这样对他说："你将来一定是一个大人物。"于是，他从小就以"大人物"作为自己的奋斗目标，终于取得了举世瞩目的成就。可见，如果家长懂得适当运用积极的暗示，孩子将会受益终身。

3.让孩子学会说"我能行"

有些时候，孩子遇事容易退缩，这是因为孩子内心当中有失败的经历，或是有放弃的暗示。作为家长，应该让孩子有战胜一切的勇气，要让孩子有着"我能行"的自我暗示，这样无论面对什么，孩子都有着勇往直前的信念，因为他的潜意识里认为自己能够做到。平时也要让孩子学会自我鼓励。比如"我可以集中精力"，这样有助于孩子专注力的塑造。

让孩子相信失败不是终点站

关键词

挫败感　预防　换个思维

指导

　　每个人都不希望自己失败，甚至一谈到失败，很多人会觉得它是消极的负面因素。其实并非如此。关键在于怎么看待失败，在失败之后会采取什么样的态度，做出什么样的行动。对于孩子来说，也不例外。可以说如何让一个孩子正确面对失败，是教育中至关重要的课题。父母的职责并不是让孩子免遭失败，而是让他学会正确地面对失败。

　　遭遇失败，孩子会产生挫败感，这时他的自信难免会动摇起来。而如果家长的态度再加剧这种挫败感，那么孩子的自信心就容易被打败，甚至破碎。

案例

9岁的彤彤是个上小学三年级的女孩，彤彤学习成绩优秀，在班级里担任学习委员。提起彤彤，爸爸妈妈经常以放心而骄傲的语气说："我们女儿从小就做事认真，从来就没让我们操过心。学习成绩更不用说，从上幼儿园起就特别好，而且是班级里的学习委员。我们相信女儿在学习上肯定会一帆风顺，将来上个名牌大学，读硕士，读博士。"

可是很多事都并不会和人们预期的一样顺利，彤彤在上个学期开始的时候因为感冒得了肺炎，经过了一个月的住院治疗才康复出院。在彤彤重返校园的那一天起，困难来了。落下了一个多月的课程，现在彤彤上课根本就跟不上老师的进度，看着同学们学习的热情和状态，彤彤暗地里急得直想哭。接下来的月考让彤彤更为灰心了，她由以前班级的前三名下降到二十多名了，尤其是数学，她居然没有及格。彤彤是哭着把成绩单交给妈妈的。彤彤的妈妈是个急脾气，她知道孩子落下了不少课，成绩多少会受影响，但绝没想到彤彤的成绩会下降这么多，她气急败坏地说："你以前底子那么好，耽误了一个月而已就成了这个样子！看来以前的成绩也不见得就是真水平！我看啊，这样下去你今年要留级了，丢人啊！"

听了妈妈的话，彤彤的眼泪更是肆无忌惮了，接下来的几天她都像变了个人似的，什么都不说，只是低着头，上课的时候也总是无法集中注意力。后来每到考试前她都紧张得直哆嗦，成绩也一直没有赶上来。老师们都很惋惜：一次失败，孩子竟然变得这样自卑，真是可惜了！

技巧

彤彤原本是个成绩优异的孩子，但因为一次小小的失败就让她失去了自信心。这实在让人感到惋惜。在这个过程中，虽然彤彤自身有一定的原因，但和她妈妈对她的教育方式也不无关系。如果她的妈妈能够温和地对待她，并找到合适的方法来帮助彤彤，那么彤彤的状态就不会是现在这样。

作为父母，我们应该认识到，孩子的心理还很不成熟，在此基础上产生的一点自信也是相当不稳定的。由于认知水平不高，孩子极有可能由于某些挫折而产生挫败感，因为一次失败而情绪低迷甚至一蹶不振，从而变得畏首畏尾，出现自卑心理。这时，能否让孩子勇敢地走出被失败笼罩的天空，家长的态度就显得尤其重要了。

请问一下自己，面对孩子的失败，你是安慰、帮助呢，还是苛责、批评呢？明智的父母会选择前者，他们会安慰孩子：一次小小的失败而已，这没什么大不了的。然后帮助孩子找出失败的原因，鼓励他勇敢起来，坚强起来，再次尝试。对于孩子来说，失败并不可怕，关键在于失败以后怎么保持或者重新建立自信，走出失败的阴影，然后继续尝试。而这也正是家长应该努力帮助孩子做到的。

1.父母先要有积极的态度

孩子的承受能力有限，当遭受一点失败，或者遇到一点挫折的时候，就自卑、沮丧、消极，从此一蹶不振。在这种情况下，父母绝不能责怪孩子，对他进行冷嘲热讽，而要安慰他、鼓励他、支持他，不要让他把注意力放在那些无谓的感叹上，引导孩子用积极的态度面对失败，激发他重新奋起的勇气和信心。这样，孩子才能不被困难所击倒，而是重拾信心，专心地投入到学习和生活中去。

2.告诉孩子什么才是成功

有些孩子太过苛求完美和成功，这主要是因为他们总把目光过于集中于结果，却忘了过程。所以，父母不妨告诉他："其实，结果的好坏受到很多因素的影响，而努力的过程却能充分反映出你的意志品质、品德、合作精神、聪明智慧等多方面的优点。从这次来看，你做得很成功，各个方面都很优秀。至于结果为什么失败，那么我们不妨来分析分析吧。"

这种积极的语言，能够帮助孩子迅速走出沮丧心情，增强自己的自信心。这样一来，他的自责心理就会彻底烟消云散，注意力也不容易被那些不快的情绪给牵扯了。

3.引导孩子换个角度看问题

当孩子认为结果和自身的努力不相符的时候，他们就会产生自责心理。对此，父母不妨让孩子换个思维，例如对他说："爸爸知道你很想获得长跑冠军，可是田径比赛不只有长跑，还有短跑！我觉得，你的优势在爆发力，百米才是你的强项！怎么样，咱们试试看？"这样，孩子就会转换思维，自责的情绪就会得到淡化。

帮孩子从紧张中解放出来

关键词

紧张　压力　越绷越紧　放松情绪

指导

　　有不少家长认为，要想让孩子的注意力高度集中，就要让他时刻处于紧张的状态，孩子在这种压力下，自然不会有丝毫马虎。可实际上并非如此。对孩子来说，他们对于压力的调节能力比成年人差得很远，他们不会变压力为动力，反而会因为紧张而让神经越绷越紧，以至于让他产生更大的压力。到头来，他除了能感受到压力，其他的什么也顾及不到了。

　　若真的如此，孩子怎么还会集中注意力呢？父母们可能有过这样的体验，同样是上课听讲，有的孩子能够很轻松地把课堂外的东西屏蔽掉，有的孩子则很容易被一点风吹草动给吸引过去。后者很可能就是因为放不下"正事儿"之外的其他杂事儿导致的。

也就是说，要想让孩子更好地集中注意力，就要让他们懂得放下，让大脑保持一种轻松的状态，不被一切无所谓的事情干扰，孩子才能专注于眼前的事。

案例

许婷升入六年级之后，课业负担重了不少。由于面临着小升初，许婷的妈妈也希望女儿能考入重点中学，于是给女儿施加了不小的压力。这让原本就为了考出好成绩而感到几丝紧张情绪的许婷，更加紧张起来。

许婷每天都强迫自己坐在书桌前看书，强迫自己不断地学习，其实她也想玩，可是又害怕玩，总觉得时间太宝贵了。

对于女儿的表现，妈妈也似乎察觉到了什么。妈妈觉得可能自己的教育方式让原本就紧张的女儿压力更大，才使得她整天愁眉苦脸，吃饭不香，睡觉不好。

妈妈知道，这样下去，孩子的身体非给搞垮了不可。于是，她在网上查了一些有关的教育方法，试图将女儿从压力和紧张中解救出来。为了让女儿学会放松，妈妈每天晚饭后，都和女儿到小区里散步半小时。这半个小时的时间，一来用作消化食物，二来可以放松一下劳累了一天的神经。另外，妈妈还买来几盆花草，并把照顾花草的任务交给了许婷。

一个多月后，许婷紧绷的神经逐渐放松了，情绪也比以前稳定了很多，不再动不动就着急，而是有条理地安排自己的学习和生活了。结果许婷和妈妈都发现，放松下来后，她学习和做事的时候，反而比以前更专心了。

技巧

实际上，在很多临近毕业的孩子身上，都会呈现压力过大的情况。这时候，如果孩子的身心得不到很好的调节，那么他就会时常处于紧张不安的状态中。这就需要父母及时给予引导，让孩子更好地整理自己的情绪。事例中许婷的妈妈就及时帮助女儿舒缓了紧张情绪，换来了她全身心的投入。因此可以说，让孩子适度放松对其注意力的提升是大有裨益的。

1.教会孩子如何放松身心

我们可以选择一个宁静的房间，最好在光线柔和的时刻，关上房门，和孩子坐在软硬和高度都合适的椅子上，伸直双腿，然后微微闭合双眼。

接下来，慢慢地调整呼吸，在呼吸的时候要默念"放松"二字。同时，家长要告诉孩子，要想象着从脸部、颈部、肩部、背部、上臂、前臂、双手、胸部、大腿、小腿、双脚等各个部位逐渐由紧绷到放松。

一开始，孩子可能不太容易进入这种放松的状态，坐一会儿就坐不住了。这就需要父母对其进行耐心地指导，然后帮助他反复地训练。

除了这种方法，父母们还可以经常和孩子进行一些无压力的聊天，所谓无压力，就是一些和学习无关的轻松小话题，父母不带有任何说教成分，只是用一种朋友的语气和孩子海侃神聊。

当然，我们也可以像上面事例中的那位妈妈一样，买几盆绿色植物，把照顾花草的任务交给孩子。这不仅会培养孩子的爱心与责任感，同时还能帮他放松精神，因为养花种草可以陶冶性情。

2.鼓励孩子多和伙伴们进行交流

孩子们的心灵中家长看来"神秘莫测"，但在与其同龄的伙伴们看来则觉得"很正常"。这也就是说，很多家长无法理解的语言和想法，孩子的伙伴却能够很好地理解。因此，家长可以利用这一点，帮孩子宣泄自己心中的紧张情绪。比如，家长可以邀请孩子的同学来家里开个聚会，或允许孩子时常给自己要好的朋友打个电话，说说最近的心事。这样一来，孩子内心的想法就有了"出口"，情绪也就得到了恰当的宣泄，那么他的心也就会更放松、更快乐。

3.让孩子爱上一项运动

运动对孩子来说应该是一件自发、快乐的事情，从小培养孩子对某种运动的兴趣是让孩子喜欢运动、放松身心的好办法。孩子对运动的潜能都是未知的，多让孩子接触一些运动，并重点培养孩子自己最喜欢的运动，让孩子能够长久地保持这种运动，这对于其身心的放松都是很有帮助的。

适时给孩子来点成功的体验

关键词

压制　成功的机会　体验成功　发挥所长

指导

在培养孩子的过程中，父母们善于观察的话，或许会注意到这样的现象：那些注意力不集中的孩子往往更容易产生挫折感，而那些专注力强的孩子即使遭遇了同样的挫折和失败，也往往更能接受，进而寻找改进的方法，让自己把事情做好。

之所以如此，是因为注意力问题会引发人的行为、学习以及心理和人际关系等一系列问题。注意力不集中，相当于扼杀了孩子的大部分活力，让孩子的智力受到了"压制"。

由此说来，我们要想让孩子专注力更强，就要尽量让孩子体验到成功的快感。只有这样，孩子才会在挫折面前不气馁，不畏惧，也才能更专注地投入到需要做的事情中去。

案例

一位10岁的男孩揽下了家里所有倒垃圾的工作，并始终乐此不疲，究其原因，其实是他5岁的时候，父母为了鼓励他参加家务劳动，在他偶尔一次帮助家人倒垃圾的时候，给了他很高的评价，夸他能干，还常常在外人面前称赞他懂事，是父母的好帮手，这激发了他主动倒垃圾的自豪感，并逐渐形成了习惯，以至于这项劳动作为他分内的事，一直坚持了5年，并当作了一种责任。

技巧

当孩子由于自己的努力获得一定成绩的时候，他的内心十分渴望别人的认可，因为任何成绩都是在克服困难的基础上取得的，假如此时父母能够给予及时的积极肯定，那么他会在增强自信心和成功感的同时，明白自己原来可以做很多事情，自己应该做很多事情并且能做得很好。

与此同时，父母还要教育孩子在他人遇到困难的时候，伸出援手，提供帮助，当孩子感受到被帮助的人的感激时，他会体验到自身价值，并提高责任感，进而对自己的责任心引以为荣，做起事来自然更投入、更专注了。

对多数孩子来说，做事本身是一件苦差事，如果只是一味地苦读，却没有一点成功的回报的话，那么时间久了，孩子就会产生挫折感，进而厌倦学习和做事。要知道，渴望成功是每个人的天性，孩子自然也不例外。取得成功的内驱力有一定的先天因素，但更多的还是个人在后天的生活环境中逐渐积累和形成的。作为父母，应多给孩子创造成功的机会，多给孩子一些成功的体验，如此才能燃起孩子成功的欲望，奠定孩子幸福的人生。

1.多一些鼓励和奖赏

对孩子来说，父母一个鼓励的眼神，老师一个赞赏的微笑，都可以促使孩子体验成功的美好。这是因为孩子心智还未发育完善，他们对自己的评价往往取决于大人对自己的态度，比如我们常常听到孩子这样说："我是好宝宝，因为老师这么说的。""老师喜欢我，今天还摸我的头呢！"既然如此，我们就应该在孩子面前多给他一些鼓励和赞扬，哪怕他取得一个小小的进步，我们也要对他笑一笑，亲一亲，这样就很容易让孩子心情愉快、充满自信地投入到学习和做其他事情的活动中了。

2.多为孩子创造体验成功的机会

孩子对于成功的感受不仅仅来自于取得优异的成绩，生活中的很多事情都可以让他体验到成功的乐趣。父母可以利用节假日，带孩子多参加一些户外活动，这样孩子可以通过在难易程度不同的器材上玩耍，获得一定的成就感。另外，父母还可以有意识地交给孩子一些容易完成的任务，让他去做，比如让孩子去楼下取牛奶，把垃圾倒掉。孩子将这些事情做好之后，我们再即时夸奖他，长此下去，孩子的自信心就会增强，做起事来也就更认真。

3.鼓励孩子发挥自己的所长

我们常说一技之长，的确，每个人都不可能擅长太多东西，往往最擅长的只有很小的领域。但往往就是这很小的专长领域，便可带动其他不擅长的领域，最终让自己成为有一技之长而又综合能力强的人。就像一位教育专家所说的："大脑犹如一条包巾：只要提起一端，便可带动全体。"为何拥有一技之长的人，通常其他方面也会有优异的表现呢？这是因为头脑有如包巾般的特性，只要有一端被开启，其他部位也会相应地活跃起来。因此，如果孩子在某一方面产生好奇心，他就会集中精力去做，这样必然能够促进全脑的活性化。

4.通过文学作品，让孩子感受他人的成功

对于故事，孩子大多是乐于聆听的。父母可以利用这一点，多给孩子讲一些成功人士的故事，以此来消除孩子胆怯、害羞等心理障碍，树立只要坚持不懈地努力就会获得成功的信心。当然，我们不能仅仅指望一两个故事就能让孩子的自信心立马增强，而应通过多种渠道，比如儿歌、童话等多种方式激励孩子树立自信心。

不要让孩子自信过了头

关键词

自负　磨难教育

指导

"妈妈，我这次考了第一，看来我真是个天才！"看到孩子的成功，听到孩子这种自信满满的口气，相信作为父母的你，一定会为他感到骄傲。不过，在兴奋之余，我们也应有所引导，不能让孩子养成自负的性格。

孩子过于自信就是自负，当孩子眼中只有自己的时候，别人的话他就听不进去了，无论做什么，他都认为自己是对的。但是，有一天孩子总会遇到挫折。如果孩子过度自负，当面临挫折的时候，他只能一蹶不振。

案例

童童是个聪明的孩子，从小学习成绩就很优秀，多次获得三好学生的奖励。去年，他进入了初中，向老师毛遂自荐要当班长。

老师知道童童学习好，人又聪明，于是任命他当班长。结果一个学期后，在开班会时，所有人都对老师说："老师，我们不要让童童当班长！"

童童一听，不由火冒三丈，说："我不当班长，你们就能当吗？你们都不行，我才是最棒的，我就应该继续做班长！"

一个女生站了起来，说："你的确挺有能力，可是这就是你骄傲的资本吗？同学们都很受不了你，认为你是个自大狂！你想想看，你是不是总指责我们，总说我们这不行那不行！"

"我说的是事实！"童童喊道。

最终，班主任还是罢免了他的班长职务。这时候，他竟然说："不当就不当，我才不用向你们这群笨蛋证明我的能力呢！"

技巧

对于童童的这种行为，作为父母的你，有怎样的感想？你一定会说："这个孩子很自信，但自信过了头，变成了自负！"

在青春期阶段中，很多孩子都带有这种强烈的自负情绪。也许在父母的眼中，孩子的自负情绪不过是正常事，毕竟哪个少年不轻狂呢？孩子自信，这又有什么错？他之所以如此，恰恰说明了他有能力，否则根本没有资格这么做！

不错，青春期的孩子情绪波动很大，他们会因为一次的成功，就显得沾沾自喜，甚至有些目中无人，这本身是件正常事。但父母如果不加以引导，由着孩子的性子来，那么就有可能造成孩子走一辈子的弯路。青春期时，他们很难与同学们和睦相处，人人都会主动疏远他，让他感受不到成长的快乐。也许在一段时期内，他们的能力的确显示出过人之处，可他们总是好高骛远，不切实际，因此一定会在某个时间，因为过高的目标让自己摔个大跟头。

如果自负的情绪陪着孩子到了成年，他们会更加眼高手低，禁不起挫折与打击，一旦人生出现拐点，就会心态失衡、一蹶不振，从骄傲走向悲观、自卑和自暴自弃，否定自己的一切，抱怨现实的不公，抱怨社会的黑暗，甚至抱怨起自己的父母："都是当年你们纵容我，才让我如今到处碰壁！"

现在，你还会认为，自负是孩子的正常情绪吗？答案当然是否定的。作为父母的你，最终目的是把孩子培养成为一个心态健康的人，而不是一个目中无人的自大狂。所以，面对孩子的自负，父母就应该积极引导，让他的心态逐渐平衡。能做到这一点，孩子将来一定会感激你的教育！

自负心理，是孩子成长路上的一块拦路石，父母必须帮助他清理干净。如果父母发现孩子已经出现了严重的自负情绪，那么一定要及时进行引导，让他摆正心态。

1.给孩子来点磨难教育

自负的孩子，总以为自己无所不能，因此往往禁不起打击。所以，父母不妨对孩子进行磨难教育，让他明白，自己不是什么事情都能做得好。

例如，对于总是吹嘘自己体能过人的孩子，不妨让他参加一次马拉松比赛，让他体验一下难以到达终点的滋味；对于总是认为自己学习好的孩子，不妨让他做一份重点中学的试卷，让他明白什么才是真正的难度。当他无法完成这些任务时，你就可以告诉他他的不足，同时教他学会调节不愉快的情绪，接受失败的考验。

经过这样一番磨难，孩子就会发现，自己其实并非无所不能。当他体会到了艰辛，那些自负心理自然也就烟消云散了。

2.不过度表扬，不掩藏批评

很多父母喜欢表扬孩子，甚至逢人就夸。这么做，孩子的虚荣心是满足了，但他会以为自己就是最优秀的，导致看不起别人，狂妄自大。所以，父母必须将表扬控制在一个合理的范围。同时，对于孩子的错误，我们不要总是藏着掖着，让孩子以为自己从来不会出错。善意的批评，会让孩子将自信心维持在正常水平，这对他的成长很有帮助。

3.让孩子知道"强中自有强中手"

对于自负的孩子，我们不妨让他多接触生活，让他看看那些更优秀的人。当孩子意识到"强中自有强中手"，他就不会继续坐井观天，夜郎自大了。例如当他看到全国竞赛冠军的孩子时，他们一定会感受到对方的实力强劲，自己远没有取胜的机会，那时他的自负自然就会主动降温，着眼于眼前。

良好的人际关系很重要

关键词

健康的人格　自尊　交往的兴趣和欲望

指导

俗话说，一个篱笆三个桩，一个好汉三个帮。人生离不开交往，离不开朋友。

交际要从小做起，孩子从小学会交际，学会交友，才能走出小圈子。这样的孩子往往更健康、更活泼，也更开朗、自信。拥有这些优良个性和品质的孩子自然会更容易投入到自己所做的事情中去。长大后，这些孩子也更容易在这个充满竞争的社会中取得成功。

不难想象，一个不懂得与人交往，在群体中受到排斥，被他人厌弃的孩子，是很难建立起健康的人格和自尊的，这样的孩子也就难以将注意力用在学习和其他事情上。

案例

上三年级的洛洛，胆子很小，上课时就怕被老师叫起来回答问题，每次被老师喊到名字，洛洛总是迟疑半天才肯站起来。一听到老师点名洛洛就会紧张，就会脸红。平时听课和做作业也难以集中精力，表面上看起来是一直在学习，可他的头脑里却总是想这想那。

在同学和老师眼中，洛洛是一个性格很内向，不善言谈，在学校也没有交到朋友的人。平时，就算别的小朋友想找他做朋友，他也不答理人家。有什么不顺心的事情他也总喜欢回家和妈妈说。

有一次，班里的一个同学跟洛洛开了一个小玩笑，洛洛却觉得受了很大的打击。他哭肿了双眼，跑回家和妈妈说再也不去学校了，情绪低落到了极点。甚至一连几天都躺在家里，不吃不喝，闷头流泪。最终，妈妈带着洛洛去看了心理医生。

心理医生吴姐开导洛洛的妈妈，正是家长对孩子的"过度呵护"造成了洛洛如今的困惑。心理医生表示，家长对孩子过度地呵护和控制，导致了孩子从小就对与别人的交际产生抵触情绪，认为只有家人才是可以依靠，可以信任的，其他人都会给自己带来危险。当孩子时常处于一种恐惧感中的时候，他的心是很难踏实下来的。

因此，心理医生吴姐建议洛洛的妈妈，要带着孩子接触社会，积极拓展孩子的交际能力，积极鼓励和支持孩子多参与集体活动，逐渐进入集体，这样才能从根本上治愈洛洛的社交恐惧症，让他拥有良好的人际关系，同时能够在学习上专心一些。

技巧

通过看上面的故事，我们不难感受到，要想孩子保持良好的情绪，专心学习，父母们有必要教孩子学会处理人际关系。

事实上，"交朋友"是件很复杂的事。孩子也不例外，要想拥有和谐的人际关系，多交一些朋友，就需要他们花时间学习、经营和维持。而孩子如果出现人际交往方面的障碍，往往不是单一因素造成的。所以，父母务必做个有心人，为孩子努力创设各种交往的机会，并给予耐心的指导，以此来培养孩子的交往能力。

1.培养孩子的交往兴趣和欲望

家长应多多鼓励孩子拿出一些时间和精力去和同龄人聊天、游戏、交往，绝不能借口要看书学习而忽视孩子参与人际交往的机会。当孩子出现交际需求时，要给予积极的鼓励；当孩子表现出与他人交往的恐惧感和厌恶感时，要耐心细致地与孩子交流，帮助孩子缓解紧张感，并为孩子创造交往的条件。千万不要以保持家庭的整洁、安宁为由将孩子的朋友拒之门外。

2.塑造乐观向上的性格

在日常生活中，乐观的孩子往往更受欢迎，一个在人际交往中缺少自信，从而产生退缩和逃避行为的孩子是很难与人沟通的，因此父母应该让孩子摆脱自卑，树立信心，努力让自己成为一个乐观的，受人欢迎的孩子。

乐观来源于良好的心境，这种心境的培养需要父母时刻鼓励孩子：凡事要往好的方面去想，每天面带微笑，带着愉快的心情做任何事情等，这些都能帮助孩子更加自信和乐观地面对他人。此外，父母还应告诉孩子，每个人的经历、兴趣、能力和个性都是不同的，存在着一定差异，因此要摆正心态，正确对待差异，积极适应他人的不同点，求同存异，只有这样才能在交往中获得他人的尊敬和拥护。

3.让孩子多参加集体活动

鼓励孩子积极参加集体活动，融入到集体生活中，并做一些自己力所能及的事情，家庭和同学间的交往，是锻炼孩子交往能力的良好机会，因为在集体活动中，会不可避免地与他人出现交集，有时是需要他人帮助，有时则可以给他人提供帮助，这些都能增加同学和自己的关系，并建立共同的好感与信任。父母应该教导孩子在集体活动中尊敬别人，即使有同学对自己态度冷淡，也不必在意，坚持服务大家，久而久之，同学就会对自己热情起来。

同时，让孩子参加各种体育运动，从中获得智慧和力量，以及胆识，孩子一旦爱上休育活动，就会主动寻找对手，这种寻找就是交际的一种，一个合适的对手，往往会建立深厚的友谊，多与之交往同样有助于提高孩子的交际能力。

4.引导孩子妥善解决与他人的矛盾

孩子在与他人的接触交往中，难免会发生矛盾和冲突。此时，家长就要引导孩子认识和化解矛盾，尽量让他自己思考解决矛盾的妥善之道，适当时候你再给予一定的帮助，让他在自我调节的过程中学会耐心倾听对方的陈述和观点。当他学会了倾听和理解，也就掌握了解决冲突和矛盾的能力。同时学会了判断轻重，也就不会轻易采取攻击性的解决方式，从而与别人的相处就达到一个和谐的状态。你的孩子在别人眼中自然就是一个平易近人的好孩子。

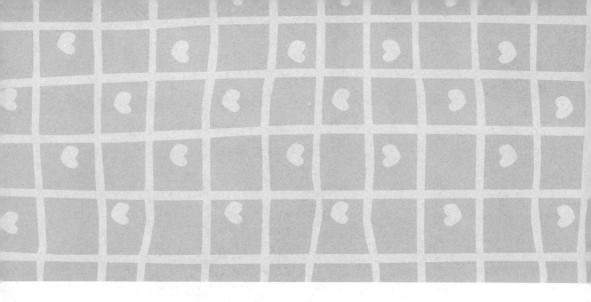

第五章
专注力之纪律约束法：
无规矩不成方圆，有引导才有正路

　　纪律是孩子成长过程中一把必不可少的"保护伞"。有了这把"保护伞"，孩子才能够懂得按规矩办事。不仅如此，因为规矩和纪律会迫使孩子认真、专心，所以纪律约束对于孩子专注力的培养和提高也大有裨益。

责任心催生专注力

关键词

责任意识　承担　自制力

指导

　　责任心不像知识、技能和能力那样明晰可见，但它是能力发展的催化剂。一个对自己有责任心的孩子，自觉水平高，专注能力强，让家长省心。有责任心的孩子表现出很多优点：自觉、自爱、自立、自强。可以说，责任心是一个人走向成功和幸福的必备条件，而缺乏责任心的人与成功无缘，与幸福擦肩而过。因此，要想自己的孩子拥有良好的专注力，能够在学习、生活及将来的工作中取得骄人的成绩，那么就要从小培养他负责任的意识和习惯。

案例

　　诺诺是个初中二年级的女生，聪明活泼、成绩优异。但是，据诺诺的任课老师们反映，如果诺诺改掉一些小缺点的话，她的成绩会更理想。原来，诺诺有一个很明显的问题，就是不懂得承担责任，总把责任推给他人。比如，有一次，她上课迟到了，老师问她为什么迟到，她随便找了个借口说："妈妈做早餐的时间晚了，我才会迟到的。"还有一次，诺诺放学以后只记得跟好朋友去踢足球了，忘记了做家庭作业，第二天早上交作业的时候，她告诉老师说："我做好了，只是忘在家里，没带来。"前段时间的期中考试，诺诺的语文成绩考得很不理想。妈妈问她："语文不是你的强项吗，怎么考成这个样子？"诺诺又找了一个借口说："语文老师普通话讲得不太清楚，我都听不懂。"

妈妈说："聪明的孩子从不会为自己的过错找借口，他们会虚心地接受别人的批评，默默改正。其实，考得不好没有关系，积极总结经验，争取下次考得更好就是了。"

诺诺反复考虑了妈妈的话，想想也是，老师也提醒过自己这个毛病，于是这次她没有像往常那样反驳妈妈的说法，而是决心改正自己的这个缺点。

技巧

类似诺诺这样爱找借口的孩子，或许你也遇到过，甚至你的孩子就是如此。对于这种情况，父母应该反思一下，是不是自己也有这样的推卸责任的言语。是不是在孩子做错事情的时候，自己以严厉的责怪、打骂的态度来对待他。如果真是如此的话，请父母一定要改变对待孩子的做法和态度。否则，孩子即便再聪明、再勤奋，也会因为缺乏责任心而失去很多进步的机会，失去专注从事一项事情的机会，也失去获得他人更多信任的机会。

1.让孩子认识到责任的重要性

孩子对于责任心的认识并不是很充分，这就需要父母多加引导，让他们知道每个人都该承担一定的责任。比如爸爸妈妈要工作，把上级交代给的任务完成好；孩子要认真学习等，这会让孩子认识到自我价值，增强对责任感的认识。

2.鼓励孩子做事情要有始有终，承担责任

孩子的好奇心重，但随意性也很强，做事总是虎头蛇尾或有头无尾。所以，父母交代给孩子某件事情后，即使是很小的事，也要随时监督、检查并督促孩子暗示完成，并对其结果做出客观评价。

比如，孩子要养一只小狗，父母在答应孩子的要求之前，要先和他说明，养狗需要怎样去照顾，否则小狗就不会健康成长；同时让孩子承诺他能够给小狗定时喂饭，按时洗澡，遛弯等等。当然孩子在照顾小狗的过程中，难免三天打鱼两天晒网，这时候家长应该进行监督，并告诉孩子疏于照顾的后果，让孩子负起责任来。

3.自己的事情自己做

从孩子的天性来讲，他们是很希望自己做些事情的。但这种天性往往被父母提前伸出来的手给剥夺了。要想让孩子负责任，可以设定一些规则，比如叠被子由妈妈来做，疏通下水道由爸爸来做，洗澡由爸爸妈妈帮助宝宝来做，而宝宝的衣服，则需要自己整理，袜子也要自己洗。这样，孩子就会对自己的任务有一个明确的承担范围。当然，对于不同年龄的孩子，任务可以有所不同，但大体上，父母可以遵从这一原则，绝不要包办代替，不能总是替孩子承担责任。

4.对自己的行为负责

孩子做一件事，不会像大人那样考虑行为的结果，而只注重过程本身。但父母要让孩子知道，责任感离不开结果所带来的影响。因此，要培养孩子的责任感，就要注意从小教育孩子为自己的行为结果负责，不要给他推卸责任的机会。

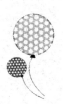

要让孩子学会自我管理

关键词

自我约束　价值观　技能

指导

对任何人来讲，自我约束都是一种为了实现目标而克服本能的行为。对孩子来说，也是如此。可以说，懂得自我约束是一种难能可贵的品质，一个拥有足够的自我管理和自律能力的孩子，才能更好地掌控自己的行为，想做的事情可以让自己做到，不想做的事情也可以控制住自己的念头，唯有如此，在他长大后才能有所成就。

我们都知道，就孩子的本性而言，是以自我为中心的，他们是从自我感受中来认识和接触这个世界，感受周围环境以及学习满足自我需求的手段。这时候在孩子的心中，是不懂得自我约束的。因此，在孩子的意志和人格还处在不健全阶段的时候，如果父母不对其进行及时的引导，让他懂得自律的重要性和方式方法，那么在此后的阶段中，他将很难拥有专注的良好习惯。

案例

王斌从小就不懂得自律,不管是学习,还是做事总是三心二意。由于他的父母常年在外地打工,所以他一直被寄养在年迈的外婆家。外婆身体很不好,也没有好的教育理念,所以王斌身上存在的一些问题一直没得到改善。

就拿他缺乏专注力来说,王斌从小就我行我素,高兴怎样就怎样,从不对自己有所约束。学习成绩一直很差,经常受到老师的批评。同学们也因为他总是吊儿郎当的而远离他。

王斌更加地自暴自弃起来,他觉得自己就是一无是处,后来和社会上的一些小混混们混在一起。后来因为团伙盗窃,王斌被抓到了公安局,受到了应有的刑事处罚。

技巧

看完王斌的案例,爸爸妈妈们或许都觉得他的犯罪行为,是由其品性太差、缺乏正确的人生观和价值观导致的。

其实,从根本上说,王斌的行为和他缺乏自律意识是分不开的。如果他懂得自律,那么就会在学习上专注起来,在做事方面认真起来,这样的话,老师也就不会批评他,同学们也就不会远离他了。而王斌自己,也很可能不会因为在老师和同学这里获得的自卑感而让他自暴自弃。那样的话,王斌的人生或许会重新改写。

因此可以看出,让孩子懂得自我约束,将有利于孩子增强专注力,取得更好的学习成绩和拥有更好的做事习惯。否则,孩子就会越来越懒散,越来越无法取得好成绩,到最后可能就像王斌这样走上不归路。

所以,要想孩子能够把心思集中放在某一件事上做完、做好,那么就要让孩子懂得自我约束,知道有所为,有所不为。

1.让孩子学会自我控制和调节的方法

在孩子幼年的时候,几乎完全是受冲动和欲望影响的,很难长时间做一件事情，也无法控制自己的欲望和感情，直到 3 岁之后，才逐渐拥有较少的自律能力，了解到这一点，家长应该及时为他制定规矩，利用身边点滴小事，来培养他自我控制和自我约束的能力。

2.给孩子灌输正确的价值观

自我约束的重要条件之一是对价值的内化，所谓价值内化是指个体赞同和认可社会规范和道德准则所赞同的价值观，并以此来约束自己。在孩子很小的时候，对于这种价值观并不了解，因此家长应该有意识地和孩子多谈各种规则，比如游戏规则、幼儿园规定、交通法规等，从孩子日常生活中经常见到的各种准则出发，培养他遵纪守法的好习惯，通过这样的培养，让他树立正确的价值观，进而由社会性的他律，逐渐转化为内在的自律。

3.让孩子掌握控制自己行为的技能

作为家长，不仅要让孩子明白自律的重要性和方法，而且还要监督和帮助他予以实践，因为有时尽管孩子已经明白了自律的道理，但由于自控能力较差，无法很好地约束自己，常常是事后后悔，之所以出现这种情况是由于尽管明白了道理，但却缺少实施的技术和方法。

比如有些孩子总是控制不好自己的情绪，容易冲动，此时，家长除了及时提醒外，也要想办法让孩子掌握控制行为的技能，比如让容易冲动的孩子尝试深呼吸或默数数，控制自己的情绪等。

4.让孩子学会自我反省

从小培养孩子反思的习惯，对于培养他自律的能力会有很好的帮助，每到过节或生日的时候，提醒孩子总结一下一年以来的收获和进步，有哪些成绩，哪些做得不好，新的一年有什么打算等，让孩子在反省中不断获得进步，并养成自我反省的习惯。

与此同时，父母的榜样也十分重要，一个能够勇于承认自己的错误，懂得自我批评的父母，对培养孩子自律能力，同样可以起到很好的推动作用。

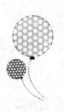

培养孩子更好的自控能力

关键词

自制力　驾驭情绪　生活细节

指导

　　有一位教育学家，在针对自己的孩子教育时，说过这样一句话："我不在乎他学到多少知识，相比较而言，我更希望他能驾驭好自己的情绪。"

　　的确，一个孩子无论能力多么优秀，倘若不能驾驭自己的情绪，无法做到自控，那么他就很难拥有一个良好的心理素质。大喜大悲、无法抵制诱惑、对困难异常恐惧……这样的孩子即使再优秀，也必然会在人生的路上磕磕绊绊。

　　不可否认，对于尚在成长发育中的孩子来说，由于其中枢神经系统尚未发育完善，传递的神经行动容易泛化，因此会常表现出自制能力比较弱，但正因为如此，我们才必须帮助孩子学会自控。

　　也许，有的父母会认为：孩子还小，等他大了，以后就会好了。但事实上，孩子就像一棵小树苗，倘若没有别人的修剪，任其发展下去必然是歪歪扭扭。

案例

润润学习成绩非常好，而且能歌善舞。可是，等她接触电脑后，就迷上了电脑游戏，从此一发不可收拾，学习成绩一落千丈，身上的才艺也就此荒废了。

此时，爸爸才意识到自己当初管教不得法。于是，他下决心帮她克制网瘾。爸爸没有进行空洞地说教，而是写了个小纸条放在女儿的桌子上："亲爱的女儿，我知道你的内心是矛盾和痛苦的，你不想沉迷于电脑，也想好好学习，可是你控制不住自己，如果你愿意，爸爸将尽全力帮助你。"

第二天，润润果然主动来询问爸爸提高自制力的方法，爸爸告诉润润说："没什么特殊的方法，只要你从小事做起，比如按时起床，还是睡懒觉；是先做作业，还是先看电视剧；是先帮妈妈打扫卫生，还是先去玩，这些都是对你的自制力的考验。只要你在小事上加强自制力的锻炼，一旦遇到大事，你就会表现出强大的自制力。"

润润想了想说："好吧，那我试试。从明天开始我坚持6点起床，然后做半个小时的晨读，再和爸爸去跑步，爸爸，你能监督我吗？"

爸爸高兴地说："当然可以！"

为了进一步帮助孩子，爸爸还制定了"自制五法则"：列时间表，使学习、生活有规律；控制接触对象，拒绝和拉自己去网吧的同学来往；实现承诺，承诺了就必须做到；达成目标，定下学习小目标，一步步去实现；控制忧虑，乐观地面对挫折。

半年后，润润果然戒掉了电脑游戏的瘾，成绩也很快得到了提高，又成了那个多才多艺的润润。

技巧

可以想象，如果润润的爸爸没有帮助孩子，那么润润此时一定彻底被网络所控制。更难能可贵的是，爸爸没有急躁地训斥孩子，而是耐心地帮助她培养自控能力。

现在有的父母知道自控能力的重要性，但他们总幻想着一蹴而就，让孩子立刻来个"大变身"。其实，自控能力的培养需要一个较长的过程，急于求成是要不得的。在这个过程中，孩子甚至还会出现反复的现象，倘若一顿大骂或训斥，那么所有的努力都将白费，孩子会因此出现强烈的抵抗情绪，偏要与父母对着干。

那么，父母应该做到哪些方面，会有助于提升孩子的自制力呢？

1.父母要情绪稳定

心理学家曾做过这样一项实验：让孩子们看一些关于自制力的录像，比如在公共场所不乱跑乱叫、参观博物馆时不乱动东西、等爸爸来了再吃糕点，等等。结果，看过录像的孩子比没看过录像的自制力要强一些。由此我们总结出这样一条经验：孩子自制力的培养是很需要榜样的力量的。

生活中，孩子最容易模仿的对象就是父母，父母自制力的表现会影响孩子自制力的发展。倘若父母就是一个容易情绪失控的人，那么无论你如何教育孩子，都是苍白无力的。即使孩子嘴上答应，但心里也会说："凭什么你可以那样，却非要限制我！哼，爸爸妈妈都是骗子！"

2.利用游戏和活动培养孩子的自制力

没有一个孩子不喜欢游戏，在娱乐中对其教育，这是最具效果的。有一位家长，就是利用这种方法成功培养了孩子的自制力。

婷婷刚上学的时候，十分不适应学校的生活，加上从小性格就很活泼、急躁，所以很难控制自己，比如，上课总是和同学交头接耳，抢同学的圆珠笔，和同学吵架，没下课就坐不住了，也听不进老师讲课。

为此，婷婷的妈妈和她谈了很多次，但是一点作用也没有。不过，妈妈却发现，通过游戏，婷婷反而做得很优秀。比如，妈妈和她玩"老师和学生"的游戏，让她做"老师"，她就很有耐心，也很懂礼貌；学校组织安全教育活动，老师让她当"警察"，她竟然能站上 20 分钟以上不动弹；和她一起过家家，我让她做"妈妈"，她立马变得很细心，说话也温柔了很多。

从这以后，妈妈总是不断与婷婷做游戏，带她参加各种活动，她的自制力得到了积累，终于形成了一种习惯，能在课堂上认认真真地听老师讲课，也很少和同学吵架了。

从这位妈妈的经验看，做游戏和参加活动确实对培养孩子的自制力有很大的帮助，孩子能在自然生动的条件下发展自制力。所以，父母不妨从孩子感兴趣的事情上出发，激发孩子的兴趣和注意力，一步步培养孩子的自制能力。

3.从生活的细节培养孩子的自控能力

苏联作家高尔基曾经说过："哪怕是对自己小小的克制，也会使人变得坚强。"所以，父母要让孩子懂得"一分克制，十分力量"的道理，让她在琐碎的生活小事中去慢慢克制自己，并且让她看到克制所取得的巨大效果。例如，我们可以让他学着做饭，让他去打扫屋子，让他陪着爸爸修理家电……这些事情都不是可以立刻完成的，因此他自然就会耐下心来，急躁的情绪就会得到合理控制。

不管怎样，让孩子形成较强的自制力都不可能一蹴而就，它需要一个过程。所以，父母们要抓住生活中的点点滴滴，从小事上要求孩子，让他一步步获得提高。另外，需要提醒父母们的是，孩子自制力的形成可能会出现反复的现象，如果遇到这种情况，父母应该耐心地坐下来和孩子分析原因和对策，而不要粗暴地指责孩子。

让孩子远离骄奢之气

关键词

攀比　勤俭节约　消费计划

指导

　　随着人们生活条件的改善，消费水平也日趋增长，孩子们作为消费的主力军，他们的消费勇气也不断上扬，无限制地攀比、浪费、大手大脚的花钱现象层出不穷。虽然父母希望能够给孩子最好的条件，让孩子"无后顾之忧"地去学习，但是，当纷乱的时髦奢侈品展现在孩子的眼前时，孩子还有心思学习吗？

　　浪费、攀比这一现象的出现除了社会发展的影响，更离不开父母的培养和教育。在这个飞速发展的高科技、高竞争时代，众多父母更多的是在孩子的智力发展方面下足了功夫，却忽略了对子女勤俭节约的美德的培养，所以孩子们出现了很多让人难以置信的消费问题。

案例

读初中的凯凯是个聪明帅气的男孩，人见人爱。但是，凯凯也是个十分"奢侈"的孩子，买衣服鞋子不是"阿迪"就是"耐克"，全身上下必须得是名牌。

有几次，凯凯回家后，看到父母给他买回来的衣服，是没牌子的。虽然衣服也很好看，但他坚决不穿，而且还为此大哭大闹。

家里有个这样的儿子，让凯凯的父母头痛不已，他们想不明白，为什么儿子还这么小就如此热衷于名牌。就这个问题，妈妈问凯凯，而凯凯的理由就是："我的同学可都穿名牌呢，就我穿没牌子的衣服，怎么好意思跟人家在一起玩。我不穿，人家会笑话我的，那样的话，我干脆别去上学好了。"

技巧

看完这个故事，或许你会错愕，现在的孩子到底怎么了？这么崇尚物质，真是难以想象。孩子这种沉溺享乐的比较，是典型的攀比心理，这对他们的成长有着十分消极的影响。面对这一现象，如果父母掌握不好攀比的程度，听之任之，久而久之，就会让孩子陷入物质追求的泥潭，无法自拔。今天他可能要求买高档玩具，明天则有可能是更"奢侈"的东西。长此以往下去，当孩子日益增长的要求无法得到满足的时候，他很可能就会为了满足虚荣心而走上犯罪道路，为自己的人生埋下隐患。

因此说，父母担负着让孩子养成勤俭节约习惯、远离虚荣攀比心态的艰巨任务，而这也是每一个父母义不容辞的责任。

1.别对孩子有求必应

现在，很多家庭大多只有一个孩子，父母家人都把他当成了全家的希望。于是就容易对他百依百顺，对他的要求是有求必应，不管是吃的穿的、玩的用的，只要他想要的、想做的，父母都会满足他，哪怕自己省吃俭用、清苦度日也要全力满足孩子。

曾有一个已经二十多岁的男孩，从小就过着"要星星给星星，要月亮给月亮"的生活。高中毕业后用父母辛苦借来的钱出国留学，实际上是出国混了几年，回国后还带回一个女朋友两人一起继续啃老，继续拿着父母的钱挥霍，搞得已经退休在家的老父母四处跑腿去为他找工作。

这种对孩子有求必应的做法看似是对孩子的爱，可是它最终只能让孩子变得懒惰、不负责任。这种结局想必是每个父母都不愿意看到的。

2.帮助孩子制订消费计划

美国的父母，在孩子八九岁的时候就要求他们能制订一周的开销计划，12岁时则要能制订约半月的开销计划。他们要求孩子通过做家务劳动等来挣得零花钱，因为挣得的零花钱有限，这就需要他能理性消费、根据自己的收入来计划支出。

有一个10岁的中国男孩和父母去了美国之后，父母听从了一个美国朋友的建议，开始按照美国的家庭教育方式教儿子理财。比如让他通过做家务来换取零用钱，而且还给儿子在银行建了一个账户。有了自己的零花钱和账户的男孩感到很开心，他更加努力地做家务以不断增加收入。他为了保证银行卡里的存款余额逐月递增，他开始精打细算，量入为出。

在父母的教育影响下，这个孩子很少有浪费奢侈的现象，而是非常理性、非常有计划地支配他的每一分收入。

3.让孩子了解当家的难处

为培养孩子懂得勤俭节约的品质，父母一方面适当给他讲解一些父母如何挣钱的过程，另一方面不妨让他当一回家，让他体会一下挣钱持家的不易。比如，根据自己家的日常平均消费水平，给孩子一定数额的钱，让他负责一周或者一个月之内的家庭开销。这样，孩子就会学着精打细算，体会出花钱的"容易"和挣钱的不易了。

和孩子一起制定 "纪律表"

关键词

散漫　实际情况　奖惩并存

指导

生活中总有一些孩子，因为家庭教育或者个性习惯的原因，在学习和生活中表现得很散漫，缺乏纪律观念，从而导致无法集中精力。

关于纪律和注意力的关系，有心理学家专门进行了一番研究，得出的答案是肯定的。因为纪律性不强，所以孩子就很难管住自己，注意力自然就难以集中起来了。

那么，怎么来避免这种情况呢？教育心理学家给出这样的建议：家长和孩子一起做一张 "纪律表"，把日常生活和学习中需要做的事记录下来，并设定一些纪律，以此来约束孩子的思想和行为，进而培养和提高孩子的注意力。

当然，"纪律表" 不是一个空泛的概念，而是切实可行的。每一项都要具体明确，只有这样才能让孩子真正地集中注意力去做一件事。

案例

刘娜是个小学四年级的女孩。和大多数女孩不同，她调皮得不得了，就连她妈妈都感觉头疼。而且刘娜还是一个孩子王，她不愿意服从管制，连老师都拿她没有办法。有时老师说她几句，她就据理力争，连找家长都不怕。

刘娜的班主任向她的妈妈反映，刘娜是很聪明的孩子，但是总不守规矩，上课左看右看，不注意听讲。老师批评她，她就顶嘴，跟老师说："我没有听讲但是我都会呀，考试又没有答不出来。"老师没想到她不但不遵守纪律，还不认错，只能找来刘娜的妈妈。

刘娜的妈妈听了以后非常生气，可是刘娜一点都不害怕，也不认为自己有错。等妈妈冷静下来之后，和刘娜进行了一次谈话。原来，刘娜会和老师顶嘴，是因为她觉得自己失了面子，老师当着那么多人的面说她，要是不回嘴总感觉很丢脸。其实她知道不遵守纪律是不对的，但是总分心，怎么都管不住自己。

技巧

其实，像刘娜一样的孩子有很多，许多家长都感到头疼，将孩子不遵守纪律归结为"不听话"。事实上，孩子有这样的问题只是因为精神容易分散，自我约束能力差而已。这个时候，家长只是靠批评并不能改变孩子。所以，家长不妨帮孩子制定一个能够约束自己的"纪律表"，这样就能让孩子慢慢改掉坏毛病，有良好的行为习惯了。

1. "纪律表"的制定要征求孩子的意见

很多家长习惯约束孩子，这样其实效果并不好。要站在孩子的角度出发，争取孩子的意见再制定，才能让"纪律表"发挥最大的作用。没有比孩子更了解自己的了，而且按照孩子的意愿制定出的"纪律表"更容易让孩子遵守。在家长完善纪律表的时候，争取以意见的方式，抛弃家长的架子，不要用命令的方式更容易让孩子接受。

2."纪律表"的制定要符合孩子的实际情况

制定"纪律表"是策略，执行是关键，但还有一个前提不能忽略，就是内容一定要符合孩子的实际情况。这就要求父母们在帮助孩子制定具体纪律规则的时候，务必做到实事求是，同时要注意结合孩子的实际情况和接受能力。只有这样，才能真正使孩子受用，从而达到锻炼的目的。

3.兼顾奖励和惩罚

要让孩子知道，"纪律表"并不是一张白纸，要有切实的效用。比如，孩子顺利完成的话，可以实现孩子的一个愿望，或者某一阶段夸赞孩子。夸奖是非常有必要的，不能让孩子觉得自己做完了也没有什么效果，更不要对孩子说"这本来就是你该做的"。只有夸奖和鼓励才能让孩子持之以恒。

同时，孩子没有顺利完成的时候，也要有一定的惩罚，以此让孩子知道，"纪律表"并非摆设。有奖励也有惩罚，这样才能让孩子顺利完成"纪律表"，才能养成良好的习惯。

培养孩子做事情的条理性

关键词

统筹安排 时间观念 一心一意

指导

我们做事的时候，常常会分个轻重缓急。这样才能用有限的时间和精力，把事情做好，将问题处理得圆满。这种主次分明的做法同样适用于孩子。如果眉毛胡子一把抓，孩子必然难以将精力集中起来，专心于一件事情上，而结果也必然会混乱不堪，难以达到将事情顺利做完、做好的效果。

案例

萌萌是个活泼开朗的女孩，性格大大咧咧，不过，也正是这样的性格，让她做事情有点毛毛躁躁。萌萌上课的时候也总是三心二意，回到家，总是打开电视机，一边看着电视一边做作业。每当妈妈回来看到萌萌这样都会生气，直到这个时候她才会关掉电视。但是，回到自己的房间就会打开 MP3，一边听着歌一边做作业，有时还要将电脑打开。妈妈说她，她就会说："有时遇到不懂的需要上网查。再说了，我听歌也可以做作业，已经习惯了。"这时要是强行关掉音乐，萌萌的作业就拖拖拉拉不好好完成。

对于女儿的表现，妈妈虽然生气，却也无可奈何，渐渐地就成为了一种习惯。做完了作业之后，有时妈妈会安排一些家务给萌萌。可是萌萌收拾玩具收拾到一半，就不知道干吗去了。为了这个妈妈不知说了她多少次，每说一次，母女俩就要闹一次不痛快。有时激烈了，萌萌就会扔掉手里的活，什么都不做了。

等到事情过去后，萌萌又会来主动认错，哄妈妈。可是每次都一样，丝毫没有改变。后来萌萌的爸爸观察了女儿一段时间，终于知道了问题所在。萌萌并不是一个不听话的孩子，只是在妈妈说她的时候让她感到委屈，因为要做的事情太多，所以总是没有条理，她很努力想要做好，但因为这也做，那也干，所以到最终什么都没能好好完成。

她爸爸想到了一个办法，知道女儿爱好广泛，一天，他拿出了几张报名表，跟萌萌说："爸爸准备给你报一个特长班，你看看喜欢哪个？"萌萌听了非常开心，她看来看去，发现有好几个都喜欢，于是跟爸爸商量："我喜欢画画，也喜欢奥数，还喜欢诗朗诵……我这几个都参加可以吗？"

爸爸笑了，跟萌萌说："可是这几个时间冲突啊，再说了，你要是把课余时间都给了特长班，什么时候和朋友玩呢？"萌萌陷入了思考之中。后来萌萌的爸爸给萌萌讲了事情的条理性，帮助萌萌做了规划。从那之后，萌萌三心二意的毛病好多了。

技巧

其实，像萌萌这样的孩子有很多，这也喜欢，那也喜欢。做事的时候没有规划，什么都是虎头蛇尾，到最终，什么都没有完成，还白白浪费了时间和精力。这个时候父母如果只是批评，自然会引起孩子的反感，因为孩子确实没有闲着。这个时候，家长可不能批评孩子三心二意就过去了，要高度重视。

孩子的思维正在发展当中，难免觉得手忙脚乱，如果父母帮助孩子合理安排，让孩子懂得做事分清主次的话，那么效率就会高出许多，孩子也能轻松一些。

1.教孩子学会统筹安排，事先计划

孩子之所以非常"忙碌"又没有成绩，正是因为孩子不懂得安排。这个时候，家长就要发挥作用了。在生活当中，家长要让孩子学会安排手中的事情，做好事前计划，什么事情是可以同时做的，什么事情不能够兼顾。

比如，在等待的空闲，可以做一些杂事，但是手头有事情的时候，就不能同时进行其他的事情了。在做事情之前，如果能够做出计划，那么完成得就会有条理，也能通过计划分清什么事情是首要的，什么可以晚一些做。

2.培养孩子的时间观念

孩子们虽然想要同时完成很多事，但事实上，孩子们的时间观念并不强，同时做很多事的话比一件一件完成还要浪费时间，因为要分散精力。完成得不但不好，还拖拖拉拉。作为家长，可以培养孩子的时间观念，告诉孩子，什么时间应该要做什么，自己设定一个完成时间，给所有的任务设定一个完成时间。按阶段进行，目标显而易见，也容易许多。按照计划进行的话，慢慢地，孩子就会养成事先计划安排的习惯，慢慢就能分清事情的主次了。

3.让孩子专注地去做一件事

有时孩子做作业，写两笔数学，再背背课文，哪个也完成不好，还为写不完作业干着急。家长要规定孩子，分阶段完成作业，可以让孩子自己安排主

次，但是在一个时间段内只能做一件事情，不能同时进行几件事情。

虽然孩子一开始可能不习惯，但是当孩子顺利完成任务之后，就会发现自己的学习效率得到了提高。只要发现了作用，慢慢地，孩子就会改掉三心二意的坏毛病，注意力自然也就提高了。

4.定时完成作业，留出玩的时间

父母总是希望孩子能够固定在书桌前认真学习，而且花在学习上的时间越多越好，其实玩才是孩子的天性，当他的天性得不到满足时，他是无法将注意力集中在其他事情上的。

比尔·盖茨在很小的时候，他的父亲威廉·盖茨就十分重视给予他一定的游戏时间，由于威廉·盖茨平时空闲时间很少，因此总是让外祖母陪孩子一起做游戏，尤其是一些智力游戏，比如下跳棋、打桥牌等，并且总是鼓励他用心去想。这些儿时的游戏让比尔·盖茨锻炼出来很好的注意力，也为他将来的事业奠定了很好的基础。

由此可见，专注力的锻炼并不是长时间用在一种事情上就能够成功，有时候这样甚至会适得其反。只有在一定时间内高度集中注意力，将学习的时间定时定量，并留有玩的时间，做到劳逸结合，才能使孩子具备集中注意力的能力。

把大任务分成阶段性的小任务

关键词

划分时间段　最佳时间

指导

做工作的时候，很多父母都有列出当日工作日程表的习惯。在这张表中，我们会列出什么时间该做什么事。这样做，会有助于我们在特定的时间里完成某件事，而不至于因为拖沓而影响了进度和效率。

这一点，同样适用于孩子。很多孩子之所以完不成本该完成的任务，往往是注意力不集中，干着这个想着那个造成的。要想避免这一问题，我们可以把自己用在工作上的方法复制到孩子身上。让孩子制定日程表，严格按照日程表来完成要做的事。这样一来，孩子就会在时间的"压力"下，专心去做事了。

案例

　　绛绛是一位小学三年级的女生，学习成绩一般。虽然成绩过得去，但是也存在着一定的问题，就是成绩无法提高。通过课外的一些训练，绛绛的班主任老师发现，她很聪明，按照常理来说，她的成绩应该比现在更好才是。于是，绛绛的老师给绛绛布置了一些课外拓展训练。虽然问题很难，但是绛绛仍旧完美地攻破了，这让老师非常开心。但是在考试过后，发现绛绛的成绩仍旧没有提高。

　　经过一段时间的观察，老师发现了一个问题。平时的绛绛安安静静的，也不喜欢打闹，所以很多老师都觉得绛绛是一个心很静的女孩子，对她都非常放心。但是仔细观察就会发现，绛绛上课的时候非常容易出神，盯住一个地方不动的状态能保持很久，连书都没有翻。这样老师意识到，绛绛看似很认真地听讲，但是也免不了走神。

　　将这个问题反映给绛绛的父母之后，她的爸爸妈妈也特意观察了孩子一段时间，发现孩子在学习当中确实存在着老师提出的问题。就是看着在思考，但是已经不知道"神游"到哪里去了。绛绛的妈妈仔细回想，绛绛在放学后，总是将大部分的时间用在学习上，本以为是孩子好学，但事实上，也许作业并不需要浪费这么长的时间。

　　就这样，一天，绛绛放学后，妈妈没有让她像往常那样关在屋子里做作业，而是问了绛绛都留了什么作业，然后对女儿说过："咱们今天玩一个游戏吧？将每一门功课分门别类，然后给每一门功课设定时间，要是按时完成有奖励，怎么样啊？"绛绛听了觉得非常有意思，于是和妈妈一起做了一张时间表，结果，那天的作业完成得出奇顺利。

　　从那之后，绛绛走神的毛病渐渐改正了过来，学习成绩也有了显著的提高。

技巧

很多的孩子在某一阶段，都会出现注意力分散的情况。尤其在学习的时候，可能做着作业就走神了，而且总是难以自控。这是因为，孩子难以长时间地保持专注，比起学习来，有很多事情更能吸引他们的注意，这个时候孩子自然就走神了。

作为家长，不能一味批评孩子不认真，仅仅靠说教并不能解决实质性的问题，只有切实可行的办法，才能引导孩子集中注意力。就像跑马拉松一样，想到路途遥远，很多人都难以完成，但是，如果将大目标分解成小目标呢？一个阶段一个阶段地完成，自然容易很多。这样也能让孩子轻松地完成任务。

1.每天都要有一张时间表

孩子上了一天学，回家以后难免会有放松的感觉，这个时候，如果家长逼迫孩子马上写作业的话，可能效果并不好。所以，在孩子回家之后，先让孩子计划一下。让孩子根据作业情况给每科作业设定一个时间段，在完成一科作业之后，可以稍作休息，这样能够缓解疲劳，免得孩子一直处于学习的状态，难以保持注意力的集中。

在作业与作业之间设立休息时间，就像课间时间一样，时间虽然不长，但是能够给孩子很好的放松。在一开始，家长要帮孩子做时间表，当然，家长只是起到辅助作用而已，完善孩子的时间表，而不是替孩子设定时间表。等到孩子养成习惯之后，家长就可以不用督促孩子，孩子也能很好地完成计划了。

2.用最佳用脑时间做最有成效的事情

人的一天当中，有4个用脑高效时间，一半是清晨6点到7点，上午8点到10点，傍晚6点到8点，刚进入睡眠的1个小时到2个小时。清晨的时间，大脑经过了一整夜的休息，已经做好了接收新知识的准备，这个时间段，记忆力比较好；而上午，人的精力比较旺盛，对于处理各种信息的能力比较高，分析能力也比较强；傍晚时分，是人大脑记忆高峰期，能够快速记忆；睡眠时间，大脑不再接收新的信息，但是会无意识地进行信息整理，并保持信息。

　　不过，由于生活习惯的不同以及各种遗传因素，每个人的大脑时间规律是不一样的，如果不经过记录和分析，很难找准自己的大脑最佳时间，一旦没有正确运用，在不恰当的时间做不恰当的记忆或者分析，效率自然是大打折扣，甚至会适得其反，让大脑处于疲惫不堪的状态，变成再怎么学也无法提高成绩的"呆子"。

　　因此，对于课程异常繁重的初中生来说，最好的方法就是帮助孩子掌握其大脑运作时间，并且充分利用这个时间段，巧学习、快学习，甚至是超常学习。

有了时间的督促，也就有了专注力

关键词

讲求民主　后果　以身作则

指导

　　为了让孩子做事不拖拉，有一些父母会用"倒计时"的方式来为孩子设定时间。这种方法对于改善孩子拖拉和注意力不集中的问题是切实可行的。对于这种做法，我们管它叫"制定最后期限"，这种方法对培养孩子做事专心、认真确实能起到一定的促进作用。

　　不难理解，孩子做事不积极、不主动，常以这样或那样的借口拖延，时间一长就养成了懒散的坏习惯，就算仍然在不停地做也难以集中精力。在孩子做事前，如果家长设置一个最后期限的话，那么孩子就会紧张起来，他会担心在规定期限内完不成任务而受到惩罚。长期如此的话，孩子就会主动、积极地做他应该做的事了。

案例

燕子是个出了名的磨蹭孩子，她做作业的速度相当慢，总是一会儿喝水，一会儿玩橡皮，20分钟的作业拖一个多小时还不能完成。妈妈多次告诉她，做功课时应当提高注意力，可是燕子答应得爽快，却仍在写作业时摸东摸西，始终不能快速完成，每天都要熬到11点之后才能睡觉。

这一天，妈妈突然想到了一个办法。她问燕子："燕子，你今天作业有多少啊？差不多要多久写完？"

燕子说："如果一直写不做其他的话，那么差不多一个半小时就完了。"

"这样啊，"妈妈一边说着，一边拿起一个闹钟开始上发条，"现在是8点整，那么我给你定到9点20，我倒要看看，你能不能像你自己说的一样。现在我出去啦，等到闹钟响的时候我再来，到时候你可别说还没完，别忘了这可有倒计时哦。"说完，妈妈把闹钟放在桌子上走了出去。

尽管妈妈走出了燕子的屋子，可是她却没有走远，而是听着屋里的动静。令妈妈感到惊喜的是，这一次她再也没有听见女儿打电脑的声音，这才心满意足地离去。

很快地，9点20的闹钟响了，妈妈刚准备站起来，这时就看见燕子拿着本子跑了出来，兴奋地喊："妈妈你看，我今天全写完啦！"

妈妈说："真不错！妈妈就知道你行，现在你就去好好玩个痛快吧！"

从这以后，妈妈再也没有站在燕子的后面说"快点、快点"。因为，一个小小的闹钟，让燕子注意力不集中的现象彻底成为了历史。

技巧

拖延时间是很多孩子都有的问题，有的家长认为，给孩子充足的时间，才能让孩子轻松一些。但是，如果孩子注意力不够集中的话，再多的时间也只是浪费。让孩子自己安排时间，父母什么都不管，孩子有可能拖沓，很晚才完成作业，要么没有时间玩，要么玩到很晚，无论是哪一种结果，都会让孩子第二天的状态受到影响，久而久之，形成恶性循环，就会导致孩子的学习成绩下降，丧失对学习的兴趣，那个时候就糟糕了。

虽然要给孩子弹性的时间，但不能没有底线。父母要给孩子充足的学习时间，但也要给孩子设定一个完成的最后期限，这样，能够让孩子在学习的时候集中注意力去完成，完成作业之后，才能安心地玩。时间久了，自然就成为习惯了。

1.家长先要以身作则

家长是孩子最好的榜样，正所谓言教不如身教，在日常生活中，如果父母做事情能够雷厉风行说做就做，并且任何事情都能定时、守时、按时完成，那么对孩子就会形成一种榜样的作用。在这种榜样作用的带领和激励之下，孩子也就会逐渐改掉这种做事学习总是拖拖拉拉的坏毛病了。

2.让孩子懂得遵守时间规则

无规矩不成方圆。生活中，父母一方面要尊重孩子的选择，关注孩子的兴趣和需要，另一方面，也要明确地告诉孩子一定的规则。孩子想出去玩，父母可以对孩子这样说：你可以去玩"捉迷藏"，你也可以玩到天黑都不回家，但是，家里 18：00 开饭，过了开饭时间，再没有饭吃，想要零钱买零食吃，对不起，没有。如果孩子在晚饭过后还没有回家，那么当孩子回来后哭着喊着要吃东西，父母也要狠下心肠不能答应。

这样可以让孩子知道，玩游戏是有时间限制的，不能一玩起来就天昏地暗。当然如果孩子对某方面感兴趣，父母应该适当鼓励，以增加孩子对感兴趣的事情所投入的时间。比如孩子对唱歌有兴趣，父母可以让孩子参加兴趣班，为孩子买一些相关方面的乐器来满足孩子的需要，以此来激励孩子的信心，让其有更多的时间投入到喜爱的事情中。

教会孩子如何 "收心"

关键词

收心　缓冲　调整心态

指导

　　孩子在从一件事过渡到另一件事，或者从一种情境过渡到另一种情境的时候，往往很难在短时间内集中精力。其实这一点不光体现在孩子身上，作为成年人的我们也常常如此。

　　作为父母，我们想想自己，是不是往往在假期结束开始工作的几天时间里，注意力似乎难以集中，心里还总想着假期时的生活状态？大人尚且如此，何况孩子呢？

　　对于这种感觉原因引起来的注意力不集中问题，最好的解决办法就是在做事之前，允许孩子 "收收心"，等心情基本平复之后，再投入到应该做的事情中去。对孩子来说，也是如此，当孩子因为一件事情兴奋过度还没过去，而无法集中注意力做接下来的事情时，家长不妨也给他设定一个"收心期"。在这段时间内，家长帮助孩子调整心态，争取以良好的状态进入下一个阶段。

案例

萍萍是一个多愁善感的女孩子，虽然还在上小学，但是她经常会读一些深奥的诗文，有时还会被诗文当中的意境所感染，难以抽身。她的妈妈觉得，一个女孩子感性一点是好的，不会有什么不良的影响。

但是，渐渐地，问题显露出来了。有一天晚上，他们全家出去看了电影，电影非常感人，但是一个悲剧。在看电影的过程当中，萍萍就流泪了，她感叹主角的命运多舛。回到家之后，她还久久不能平静，还写了一篇观后感。她妈妈觉得自己正确地引导了孩子。可是，第二天，萍萍的情绪依旧非常低落，就连上课的时候都想着电影的内容，放学回家写作业还沉浸在电影的悲伤氛围中。

就这样，直到放假萍萍都一直郁郁寡欢。假期来了，妈妈想通过旅游改变萍萍的心情。全家一起去了海边。吹着舒爽的海风，萍萍感觉好多了。妈妈想，不如就趁着这个机会让女儿好好地玩几天吧。直到开学前一天，他们才回家。

让人想不到的是，萍萍是脱离了消极情绪，但却患上了"假期综合症"，开学有一段日子了，还沉浸在放假的气氛当中，上课也看着窗外，这下萍萍的妈妈不知道要怎么办才好了。

技巧

或许大多数家长都有这样的困扰，即使孩子大大咧咧的，也很容易沉浸在一种气氛当中，难以收心。尤其是在假日过后，孩子很难再次进入学习状态，甚至会产生厌学情绪，这让大部分家长感到非常头疼。但是，批评孩子并没有良好的效果，反而可能影响亲子关系，让孩子产生反叛心理，那家长究竟怎么做才是对的呢？

实际上，孩子之所以难以迅速回到一个状态，和孩子的天性有关。孩子的自控能力还不够好，当经历一件事情之后，情感和回忆会盘踞在孩子的脑海中。在这样的情况下，孩子注意力难以集中似乎就不难理解了。

作为家长，应该要了解孩子，更应该理解孩子。所以，要给孩子一定的时间去过渡、适应。当然，用开学之后的时间去适应并不理想，最好在开学前几天，给孩子设定一段时间的"收心期"，让孩子自然回归学习的状态。这样，才算是给孩子的假日画上一个完美的句点，让孩子能够全身心地投入到新学期的学习当中去。

1.在开学前给孩子设定一个"收心期"

孩子通常都难以迅速进入一个状态，这是正常的，所以，家长要给予孩子一定的帮助。在假日，不要让孩子玩到开学前一天，要适当安排一段过渡期。比如，在开学前几天给孩子设定预习和复习的任务，每天让孩子抽出一些时间学习。

学习任务一开始不宜过多，这样会引起孩子的反感和不配合，要适当地安排、减少孩子玩的时间，作息时间也要重新安排，慢慢和上学的时间接轨，这样，等到开学的时候，孩子就能自然进入状态，不会觉得空虚、劳累和乏味了。

2.进入下一个状态前要放松

在过渡期，家长不应该一下就给孩子上"夹板"，让他一下进入紧张的状态只能让孩子感到不适。所以，在转换状态前，要给孩子一定的放松。只有状态好，才能有精力投入另一件事情。

尤其是孩子的情绪，每当环境发生转变的时候，孩子的情绪多少都会出现波动，家长应该引导孩子，帮助孩子放松，这样才有利于注意力的集中。

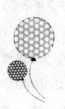

有了作息时间表，孩子的生活更健康

关键词

精气神　懒散　严格执行

指导

对小学生来说，时间是一个非常模糊、抽象的概念，他们一般体会不到时间的重要性，也不会像成人一样具有时间紧迫感，所以在学习上就比较懒散。

父母应该和孩子一起制定一张作息时间表，坚持让孩子养成有规律的作息习惯。只有把作息时间固定下来，形成习惯，孩子才能对时间有一个明确的认识，才能养成良好的时间观念。

案例

乔乔即将小升初，为了保证更多的学习时间，妈妈帮助乔乔制定了一个作息时间表：早晨6点起床，中午放学回家，不再午睡而是做1小时功课；下午回家，先写完作业，然后再看卡通节目；8 点温习功课，10 点上床睡觉。妈妈满以为有了这样的作息时间表会对乔乔有很大的帮助，谁知实行了没有几天她便发现乔乔的功课愈做愈慢，有时候还打瞌睡，根本不能集中精力。

明智的乔乔妈妈及时发现作息时间表存在问题，于是果敢地做出改动。午饭后让乔乔恢复了以前的午睡习惯，将看儿童节目的时间适当地减少，将温习功课的时间提前，让孩子在 9 点半之前睡觉。一段时间后，乔乔比以前有精神了，学习兴趣也增加了不少。

技巧

孩子的各种习惯，都是从小养成的。合理安排好孩子的作息时间，可以保证孩子有足够的精力去学习，有效提高学习的效率，还可以使孩子养成良好的生活习惯，这对孩子的成长是非常有利的。

1.让孩子自己参与制定

在制定作息时间表时，家长一定要考虑孩子的生活习惯和个性特点，最好是和孩子一起坐下来，让孩子自己参与制定。根据自己的喜好订立的时间表，孩子会比较主动地照时间表执行。即使遇到孩子管不住自己的时候，父母只需不时地提醒就行了。

同时，比起直白的语言来说，小学生们更喜欢生动的画图方式。制定作息表时，家长可以让孩子采用自己喜欢的图画方式表现每个时间该做什么事情。

比如，在 7:00 的格子中画闹铃，表示要起床了；17:00 的格子中画电视，表示可以看动画片了；18:00 画一盘菜表示是吃饭的时间；19:00 用书本表示做作业的时间；20:30 的格子画浴缸,表示该洗澡了；21:30 的格子画牙刷及床,表示该刷牙睡觉。如果孩子喜欢唱歌、画画之类的，也可以在作息时间表中，给孩子安排出一定的唱歌、画画的时间。

2.尊重孩子的作息习惯

每个孩子的作息规律都是不一样的，都有自己固定的作息习惯。做父母的要仔细观察，在制定作息时间表时，要尽量迁就孩子的"生物钟"。

如果孩子的兴奋点在白天的话，可以多安排一些白天时间来学习，晚上多安排一点时间来休息；如果孩子是"夜猫子"，就可以晚上多安排一些学习时间，中午安排一些时间来休息。

根据孩子的作息时间制定作息时间表，不仅可以保证孩子有足够的、良好的睡眠质量，而且可以让他们在醒着的时候，学习更有兴趣和效率。

3.要严格要求孩子执行

给孩子制定作息时间表是为了培养孩子的时间观念，不仅目标要求要明确，落实计划也是格外重要的。只有严格要求孩子，让孩子理解这种安排的意义，逐步自觉参与进来，并形成习惯，才能增强教育效果。

因此，家长要及时地督促孩子应该在几点之前休息，几点起床，看电视的时间在多少时间之内，什么时间必须开始写作业等，一定要让孩子坚持执行作息时间表。

当然，对于刚开始执行作息时间表的小孩子来说，这样严格要求也许有些困难，此时家长可以适当地进行模糊处理，给孩子规定一些灵活的时间段，如在几分钟之内必须起床，在几点到几点之间要睡觉，等等。

4.早上起床10分钟进行一些朗诵或收听

现在的孩子往往睡不够，早晨的时候总是醒不了。为此，我们建议最好让孩子早点睡，早上的时候可比预定的时间早10分钟起床。别小看这10分钟，因为在这段时间里，孩子可以朗读课文，而朗读课文对于增强注意力是很有帮助的。同时，孩子也可以借助朗读课文的精神头，让自己从迷迷糊糊的状态中赶紧清醒过来。

如果在早上的时间比较紧张，家长不妨准备一些音频资料，可以是文章的朗诵，也可以是节奏明快的音乐，或者是英语单词、小故事，等等。因为有固定的作息时间，所以孩子早上的洗漱时间都很固定，如果能够很好地利用这段固定的时间，坚持下来，不但能提高孩子的专注力，还能使其取得更好的学习效果呢！

孩子只能遵守切实可行的要求

关键词

明确　简洁　切实可行

指导

很多父母都会发现一个问题，就是随着孩子年龄的增长，越来越难管教了。在孩子小的时候，都非常听话，可是孩子大了不但把自己的话当耳旁风，还学会了顶嘴。越是这样，父母和孩子之间的矛盾越多，孩子越不好管教。

其实，这是很正常的，因为在孩子小的时候，家长总会规定某件事让孩子去做。随着孩子的成长，家长对孩子的要求也越来越宽泛，认为孩子已经长大了，很多事情自己都能把握，所以只会跟孩子说"好好学习"、"注意听讲"

一类的话。这些规定并不够明确，不仅孩子听不进去，还容易厌烦。所以，说到底还是方法不够明确。

孩子不容易集中注意力是非常正常的现象，如果家长能够提出具体的方法，切实可行，那么孩子一定会去做。

案例

可可是小学四年级的一名学生，他上课的时候总是"定不住"，一会儿摆弄摆弄笔，一会儿玩玩橡皮，一会儿又看向窗外，甚至有时候盯着自己的脚。反正不管做什么，他就是不听讲。而实际上，可可并不是一个不听话的孩子，而且很有上进心，只是怎么都控制不住自己。这样的情况老师也和他的家长反映了很多次。

终于，可可的爸爸耐不住了，一天放学后，可可刚到家，爸爸就对他进行了批评教育。爸爸说："你们老师今天又给我打电话了，你怎么这么不让人省心呢？你就好好听老师的话不行吗？学习不认真，上课走神，说了你多少次，你就是不听。你自己说说，你以后能有出息吗？光说好好学习，也没什么实际行动，我看你就这样了。"

爸爸劈头盖脸的一顿教训，让可可觉得非常委屈，他反驳道："你光说好好学习，怎么叫好好学习啊？让我注意听讲，我也想啊，就是控制不住自己，我能怎么办啊？""你也不是小孩子了，什么叫好好学习还用我教你吗？自制力差就会找理由，找借口……"

就这样，父子俩闹得很不愉快。等可可的妈妈回家之后，了解了事情的始末，仔细想了想，其实问题也不全在孩子，于是和可可的爸爸谈了话，给可可制定了一个"规章制度"，让可可按照上面的条款完成。制度表上很明确地写明注意事项，比如"做作业不能玩笔""听课时要看着老师的眼睛"等。渐渐地，可可的情况有了好转，慢慢地也能集中注意力听讲了，成绩也有了很大的提高。

技巧

通过可可的故事，有的家长应该发现问题了。自己是不是也像可可的爸爸那样无奈过？那样训斥过孩子呢？结果可想而知，就算是再听话的孩子，受了委屈还是会有逆反心理，状态也不能持久保持。家长们希望的都是改正孩子的不良习惯，而不是批评孩子，既然有更好的途径，为什么不去实施呢？

孩子不同于成人，思维还在发育当中，比起复杂而宽泛的概念，切实可行的方法更容易实现，只要家长给孩子制定了切实可行的要求，那么孩子注意力不集中的问题一定能够得到改善。

1.要求要具体到事，规则要明确

很多家长都只会让孩子好好学习，对于孩子来说，什么是好好学习呢？上课注意听讲，下课完成作业，考试考高分……这些内容孩子可能听了千万遍，背也能背下来了。但是，做起来很难，怎么样才算注意听讲？写作业就心烦……这样想的孩子不在少数。作为家长，给孩子一些具体可行的措施，更容易让孩子完成。

家长给孩子制定的要求一定要具体到某件事，这样孩子才容易找到标准，举例来说，考试要取得好成绩就不如具体到分数，这样孩子更容易把握。要孩子集中注意力，最好给孩子制定明确的禁止事项，比如不能看窗外，不能玩笔，等等。这样孩子才更容易遵守，实施起来更有效果。

2.以奖惩机制来进行激励

有的家长觉得，即使给孩子提出了具体的要求，孩子还是难以自持，管不住自己。这个时候，就需要适当地奖励和处罚了。比如，给孩子规定时间，孩子能够保持一段时间，家长就应该适当奖励，表扬也好，实质的奖励也罢，要让孩子明白自己做到了，如果完成得好，在奖励之余更要鼓励孩子。

如果孩子完成得不好，也要有适当的惩罚，比如让孩子做一些家务，或是停止看电视一天，等等。通过这样的方式，才能帮助孩子更好地完成家长提出的任务要求。

3.家长要有足够的耐心

在提出任务要求的时候，有的家长可能一写就是两大篇，这样孩子有可能连要求都记不住，自然也难以施行了，有时甚至会因为过多的限制要求而分心。所以家长最好一开始只给孩子规定几项，当孩子切实地完成，形成习惯之后，家长可以适当增加一些要求。这样孩子容易完成，效果也更好。

适当惩罚，让孩子学会自律

关键词

适当惩罚　沟通　自律

指导

"树木如果不去常加修剪，它们便会回复到它们的野生状态"。这是一位教育学家倡导对孩子进行适当惩罚所说的话。中国青少年研究中心副主任孙云晓也说过，没有惩罚的教育是不完善的教育，没有惩罚的教育是一种虚弱的教育、脆弱的教育、不负责任的教育。

可以说，合理的惩罚应该是教育的辅助手段之一。

的确，很多父母都无奈地感叹：孩子拿自己的话当耳旁风，对自己的教导置若罔闻，三番五次地犯同样的错误。也有的父母抱怨：孩子经常有意无意地逃避教育和管理，总是散漫又随意，完全没有责任感的束缚和限制。

其实，出现这样的局面，很可能是孩子对于自己的行为缺乏责任感造成的。而根本的原因，还是父母在他们犯错之后，没有给予相应的惩罚导致的。

换句话说，当孩子犯错之后，如果不进行必要的惩罚，那么情况就很难彻底地改变，孩子也就无法懂得自律，建立责任心。

因此，从教育方式上来说，对于孩子的错误行为，进行适当的惩罚是正当的教育行为，这关系到孩子的健康成长，也是家庭教育中不可替代的方法之一。但是，惩罚也要适当，不能选择过于粗暴的方式，要让孩子意识到对错是最为重要的。

案例

佟严是个 7 岁的小男孩，难免犯一些错。一次，他下课时在教室里踢起了足球，把教室的玻璃窗打碎了，破碎的玻璃划伤了一个同学，虽然伤得不重，但却把大家都吓得够呛。

事情发生后，老师打电话叫了佟严的爸爸妈妈到学校来。

晚上，佟严看到爸爸妈妈从学校回来以后坐在沙发上都沉着脸不说话的情景，知道这次自己闯祸闯得有点严重了。他主动承认了错误，对爸爸妈妈说："爸爸妈妈，我知道错了，我不该不遵守纪律在教室里面玩球，伤到了同学，这太危险了。以后我会改正的。"

妈妈非常生气，觉得儿子并不是真心认错，马上就要打佟严。这时候爸爸说话了："你知道吗，一个不懂得自律的人就是不负责任的人，这样的人是不会有什么发展的！犯了错就要承担后果和责任，你现在就去写一份检讨，一会儿念给我听，然后明天去学校交给老师。另外，作为惩罚，你这个月的零花钱取消了。我这么做是为了让你记住这件事的教训，希望你以后能学会自律，不再让我们失望。"佟严听完之后低着头回去写检查了。

这个决定也让佟严闷闷不乐，妈妈突然发现，其实惩罚的方式有很多种，等到冷静下来想，幸好当时没有盛怒之下体罚孩子，要么情况可能就不一样了。

技巧

如果你是佟严的父母，你会怎么办呢？

可能很多家长会和佟严的妈妈那样，生气之下训斥孩子，甚至打孩子。但要知道，孩子已经认错了，也知道了事情的严重性。如果不去管孩子的情况直接惩罚，很可能会惩罚过重，等事情过去后，孩子和父母之间可能会出现隔阂。

如果像佟严的爸爸那样，面对孩子犯错，进行合理的惩罚，其实更有助于帮助孩子学会自律、自我约束；能使孩子明白做什么事情是对的，为什么要坚持下去，什么事情是做不得的，应当怎样改正。这样更能帮助孩子建立责任意识和责任感，不由着自己的性情做事，也不容易发生同样的错误。

1.家长在施罚前后，必须和孩子沟通

惩罚不是劈头盖脸的训斥，那样的话不但起不到积极作用，反而更容易让孩子形成逆反心理，更加不听父母的教导。所以，在惩罚孩子前后，父母有必要让孩子明白他的行为到底是对的还是错的，行为和后果到底有哪些关系，惩罚对自己又有什么意义。这样讲更有助于孩子学会自我约束，控制自己的情绪和行为。

2.惩罚也要保护孩子的求知欲和好奇心

在孩子的成长过程中，自控力的发展往往比较缓慢，而好奇心和求知欲则

发展迅速。针对这种情况，在他们身上出现过失和逃避责任的情况就会比较多。这时候，如果父母不注意保护孩子的求知欲和好奇心，那么最终的教育成效很可能会远离施教的初衷。

3.尊重孩子的人格

我们常说"对事不对人"，在惩罚孩子的错误行为方面同样要做到如此。父母在惩罚孩子的过程中要时刻清楚地认识到：惩罚的对象是孩子的错误行为，而不是孩子本身；惩罚是以教育目的为前提的。所以，不管孩子犯了什么错，父母的教育方式首先要保证尊重孩子的人格和尊严，不能体罚或者变相体罚孩子。

惩罚要与奖励并重

关键词

公平　客观　注意力

指导

　　随着时代的进步，家长们的教育方式也在发生着改变。很多家长摒弃了传统的打骂，不再以粗暴教育来管教孩子，越来越注重理性教育，希望通过正面的方式来鼓励孩子、激励孩子。但是，无论什么都有双面性，虽然不打骂孩子是进步的，但是这并不代表舍弃惩罚。

　　反过来说，如果只有惩罚的话，那么也不利于孩子的教育。对于家长来说，要奖惩分明，奖励和惩罚并存，才是最好的教育手段。

案例

壮壮既聪明，又活泼，老师和父母都很喜欢，加上壮壮是家里的独苗，更是被宠上了天。爷爷奶奶很疼他，父母也将他视作小皇帝，从来没有打骂过壮壮。

他的父母认为，孩子不能打，应该用正面、积极的方式教育儿子，壮壮从小时候开始，父母就时常鼓励他，每当他有了一点成绩，爸爸妈妈就会夸赞他；而做错了事情的时候，父母也多是安慰，即使是壮壮自己的责任，父母也是睁一只眼闭一只眼。

随着壮壮年龄的增长，口头的奖励不管用了，父母思考来思考去，决定给予一些实质性的奖励。妈妈总是用玩具引诱壮壮："乖儿子，你快点完成作业，妈妈就给你买变形金刚。""宝贝儿，你要是考 100 分妈妈就给你买一个 psp 游戏机。"就这样，循循善诱让壮壮一点点进步。

壮壮的父母看到儿子的进步都非常高兴。但是，到了壮壮五年级的时候，问题出现了。他变得非常骄纵，认定了父母不会动手打自己，总是闯祸。爸爸妈妈一说他，他就顶嘴："我自己心里有数，再说我，我下次就不好好学习了！"而且，每次让他做点事，壮壮都提一堆条件，不满足就不干，这回他爸爸妈妈开始反省了。

技巧

壮壮的爸妈很显然是希望孩子能够积极向上的，为此，他们从不惩罚孩子。但是，结果却让人大跌眼镜。没有了惩罚，孩子做事总有些有恃无恐，想干什么就干什么，想怎样就怎样，甚至做些事情都要和父母谈条件。

这是因为，孩子的是非观还没有发育健全，需要父母引导和规定。可以说奖励和惩罚是并存的，虽然这些手段不是目的，但确实能够有效地帮助孩子。家长要通过惩罚和奖励来告诉孩子什么是对，什么是错。这样，孩子才能健康成长。

1.惩罚和奖励不是目的，是手段

有的父母对于奖励和惩罚利用得不好，有时甚至让孩子觉得，奖励才是自己的目标，或者惩罚自己才是家长的目的。当孩子出现这样的想法时，家长就要反省了。

无论惩罚也好，奖励也罢，都只不过是帮助孩子的手段而已。在孩子做错事的时候，家长不能二话不说，连个解释的机会都不给孩子，直接惩罚，这样就会让孩子感到委屈，认为家长不理解自己，难免会产生反叛心理。

而不视情况，直接奖励孩子，没有激励的语言的时候，孩子就会将奖励当作最终目标，这样反而会让孩子的认识有偏差，不利于发挥手段的最佳效用。只有家长明了了惩罚和奖励的目的，这些手段才能发挥出真正的作用。

2.采取合适的措施

有的时候，父母对于奖励和惩罚有不同的认识，认为惩罚就是打骂，或者奖励就一定是物质上的。实际上这只不过是大人们的想法而已。如果惩罚和奖励的措施采取不当，就有可能造成负面影响，不但没能起到作用，还有可能让孩子的认知出现偏差。

其实，孩子需要的可能并不是玩具，而是家长的认可，孩子怕的不是父母的打骂，而是父母的不认同。所以，可以在孩子做得好的时候夸赞孩子，鼓励孩子，当孩子做错事的时候，也不要横眉冷对，要让孩子认识到自己的错误。这样，孩子才能渐渐改正那些不良习惯，集中注意力去做事。

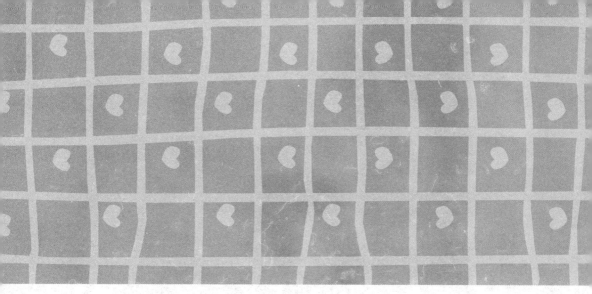

第六章
专注力之随时训练法：
不浪费每一个可以提高专注力的机会

要想培养孩子良好的专注力，对其进行相应的注意力训练是很有必要的。这些训练也并非是什么高深的理论及思路，而是在孩子学习和生活的过程中，随时可以拿来"操练"的。

专心听讲，让思路跟着老师 "跑"

关键词

有意注意　不啰唆

指导

　　那些学习成绩好的孩子，大都有一个共同点，就是在课堂上可以很专注地听老师讲课。老师讲到哪里，他们的思路就跟到哪里。相反，那些学习成绩差的孩子，一定程度上也正是因为注意力问题，他们做不到一直跟随老师的思路，而是由着自己的大脑时而注意，时而又将注意力转移。

　　对于这两种情况，我们分别称之为"有意注意"和"无意注意"。有意注意指的是有预定目标的需要意志力来支配的注意，无意注意则是没有预定目标、不需要意志力支配的注意，也就是人们常说的不经意。

　　对于心智尚在发育的孩子们来说，大多数时候都是无意注意，这使他们的注意力容易被外界的事物所吸引。但是这种注意习惯会对他们的日常生活和学习产生较为不利的影响。也就是说，有意注意对于孩子的学习和生活的意义更大。所以，为了让孩子有更高的学习效率，更好的做事习惯，我们有必要对其进行注意力的训练。其中，最为关键的，也是最切实可行的，就是让孩子在课堂上专心听讲，大脑能够跟着老师的思路"跑"。

案例

鹏鹏以前是个吊儿郎当的男孩，上课时全凭自己的兴趣，喜欢的科目或者内容就认真地听，不喜欢的就有一搭没一搭地听。这样做的结果可想而知。

班主任孙老师发现了鹏鹏的这一问题后，专门找他谈过。孙老师说："你是个聪明的孩子，每个任课老师都这么认为。可是，你却完全凭自己的兴趣来学习。这样做虽然是出于人的本能，但是要出好成绩，还要克制自己在不喜欢的科目和内容上注意力不集中的毛病。"

听了老师的一番语重心长的话，鹏鹏似有所悟，他认真地点点头，表示以后要努力按照老师说的去做。

起初，鹏鹏让自己认真听那些不喜欢的课程时，很是吃力。有很多次他都想干脆还像从前那样，喜欢的就听，不喜欢的就不听。不过，另一个"声音"在拉扯着他，这个声音仿佛在告诉他：不能光认真听那些喜欢的课程，不喜欢的课程同样要听，只要努力跟上老师的思路，不喜欢的课程也可能会变得喜欢的……

就这样，鹏鹏经过较长一段时间的艰苦努力，终于让自己在听课方面有了很大的改观。老师和家长都发现，鹏鹏在学习和做事情方面都专注了很多，和从前大不一样了。对此，孙老师和鹏鹏的父母别提有多欣慰了，就连鹏鹏也很为自己骄傲呢！

技巧

养成一种好习惯不容易，改掉一种坏习惯同样不容易。但是，鹏鹏在老师的指点下，在他自己的艰苦努力下，终于让自己的注意力水平有所提高。因此可以说，如果你觉得自己的孩子已经习惯于精神涣散，那么也不要气馁，只要肯花精力和心血，那么你的孩子定会跟上课堂上老师的思路，让大脑始终处于一种活跃的状态。

当孩子具备了这种克服贪玩、懒惰本性的自制力的时候，他在学习上遇到困难，或者在做事的时候遭受了外界的干扰，他就会自觉地通过自己的意志力来克服。举例来说，如果你的孩子在认真听课的时候受到了调皮孩子的骚扰，影响了他听课，他会有效地控制自己的注意力，从而避免骚扰，让思路跟上老师。

1.不重复、不啰唆

在和孩子谈事情的时候，父母们总怕孩子听不清或者记不牢，便会重复上好几遍。其实，这种做法看似便于孩子将事情记牢，而实际上却成了降低他们注意力的"罪魁"。要知道，孩子对于唠叨和重复是反感的，他会在家长唠叨和重复的时候漫不经心。长此以往，孩子就会习惯父母的重复，同时也会让他知道，即使自己不注意听父母在说什么，也不用担心，因为他们还会不断地重复，总会让自己知道的。这样一来，孩子必然容易养成听别人说话心不在焉、不抓重点的坏习惯，专注力的提高也就无从谈起了。

因此，我们建议，在与孩子交流的时候，一定要避免啰唆，凡事尽量只讲一遍。这样会让孩子知道，他只有集中注意力来听爸爸妈妈的话，才能抓住重点，才能把话听清楚。相信通过这种有意识的训练，孩子的注意力会有所提高的。

2.让孩子学会边听讲边记

孩子听课的时候，出现注意力分散的现象，有时候并不是因为外界的干扰，而是由于自身思想开小差。这时，尽管眼光停留在老师的脸上，但思想却在考虑其他问题。我们可以引导孩子，遇到这种情况，可以采取边听边记录的方法，迫使自己认真听讲。这种边听边记的方法，是听讲的自我强制手段，它可以帮助自己将注意力从别处集中到讲话者所讲的内容上来，借助眼睛、手等器官的帮助，使大脑皮层有效地由听觉器官接收有效的信息。

另外，我们还可以告诉孩子，如果他认真听老师讲课，那么在课下做作业的时候就会容易很多，复习的时间也会缩短，而且也容易在考试的时候考出好成绩。

3.锻炼孩子排除干扰的能力

课堂上能否认真听讲，并不完全掌握在孩子手里，与各种干扰因素有关。如在心情低落、课堂纪律混乱、老师讲课内容抽象的时候，孩子最容易思想开小差。这时候，家长要让孩子学会自我意识地觉察与转移，排除一切干扰，不受影响。如果发现自己走神，要在心里马上给自己喊"停"，从无意识转入有意识的听课状态。

孩子在小学阶段，可能自制能力相对较差，家长可以给孩子准备几张写有"专心听讲"、"努力听讲"、"不要分心"之类的小卡片放在文具盒里、课本里、作业本里等可以看得见的地方，保证孩子能够及时对自己进行积极暗示，有意识地把注意力集中到听课上来。

让阅读提升孩子的专注力

关键词

阅读兴趣　方法和技巧

指导

博览群书对于孩子的成长以及未来的人生来讲，可谓是至关重要。中国自古就有"腹有诗书气自华"一说，在博览群书的过程中，孩子可以体验更为丰富的情感，积累更为丰富的知识，这些无疑会为孩子丰富各种知识或平添一份魅力，在孩子成长的人生历程中，不断提高内涵，在举止言谈中洋溢出一股书香之气。

多读书，读好书不仅会带给孩子文化和智慧，还会培养孩子全神贯注的做事习惯。因此，父母要想自己的孩子更加优秀，就有必要引导孩子多多读书，对他进行必要的阅读训练。让孩子养成阅读的好习惯，既是增长其自身学识的需要，也是塑造孩子良好注意力品质及个人气质的需要。

案例

张静的女儿小颖从小就喜欢读书，现在上小学六年级的孩子比同龄小朋友在阅读、写作以及语言表达方面的能力都要高出一些，而且小颖身上体现出一种淡淡的书卷气，在做事和学习方面，孩子也总是一心一意、专心致志。

对此，张静说，这可能和小颖从小到大读了很多书有关。张静透露，自己是这样来引导女儿小颖的读书兴趣的：从2岁半开始，她几乎每天都坚持给女儿念书。起初读的是一些优美的故事，每每听妈妈读书，小颖就会表现出安静而愉快的情绪。

就这样，那一个个优美动听的童话故事陪伴着小颖成长的每一天。正是在这种熏陶之下，小颖的语言、写作等能力均得到了很大的进步。慢慢地，小颖自己也感受到读书带来的乐趣了。

上小学后，张静开始逐步"放手"，以吊吊女儿求知的胃口。开始张静还是坚持每天给女儿讲故事，但讲到一半时，就会找个借口让小颖自己看完另一半故事，比如说："真不巧，妈妈有点工作还没做完，要不你自己先把结局看完吧。"小颖虽然不太乐意，可强烈的求知欲让孩子继续往下看，虽然还有很多字孩子并不认得，但没关系，有拼音帮忙，慢慢地，小颖就养成了自己看书的习惯。

因为喜欢读书，逛书店就成了张静和女儿小颖常做的一件事。张静说，只要书的内容是健康的，一般不会限制女儿购买。张静说，只有阅读范围不断地扩大，才能汲取到更全面的知识。于是，小颖的书柜里，已经从原先的童话故事占绝大部分，到后来儿童小说、百科全书、儿童画报及杂志等分得了半壁江山。随着知识面的不断拓宽，小颖的自信心也越发增强。如今，读小学五年纪的小颖已经把读书作为自己生活的一部分了，在汲取知识的同时，也在无形中提高了专注力，并享受着阅读带来的快乐。

技巧

一个孩子是否拥有良好的阅读习惯，不仅对其学习成绩有着直接的影响，更对他的一生有着举足轻重的作用。如果父母能引导孩子从小爱上读书，那么必将使其终生受益。

看看古今中外取得成就的名人、伟人，大都能够聚精会神地读书，他们通过读书来提升自己的专注力，做起事情来也就能够聚精会神，这也正是促使他们取得成功的重要因素之一。

所以说，对孩子进行阅读训练，对于培养他的专注力以及提高其专注力的稳定性，都是大有助益的。

1.培养孩子的阅读兴趣

在进入小学学习之前，孩子会认识多少个字这并不重要，而激发孩子对文字的好奇心和兴趣，产生认字、写字和阅读的强烈愿望和动机是第一重要的事。

父母要知道，文字对于孩子来说是个新鲜的东西，如果单纯地让他学习某个字是很容易让孩子感到枯燥乏味的。而如果让这些文字和孩子的生活联系起来，使他体验到文字能给他增加生活的乐趣和带来方便，那么孩子就有了学习的动机。例如，你带孩子外出游玩的时候，当到了公园大门口，你可以告诉孩子，门上悬挂的大字是"××公园"，在玩具店里，你也可以告诉他，包装玩具枪的盒子上印的字是"枪"……经常地让孩子在生活中学习，不用多久，孩子反而会主动地问你这个字怎么念，那个字是什么意思，这时，学习阅读对孩子来说就已经不再是一件枯燥乏味甚至是痛苦的事了。

2.与孩子多多交流

在孩子年龄尚小的时候，父母可以与孩子一起阅读和创作（如编故事等）；当孩子大一些的时候，可以和孩子一起讨论和交流。如果孩子在阅读中提出问题，尽量回答孩子的问题。同时，在家里，最好常备一些少年儿童百科全书类的书籍。当孩子提出问题时，引导儿童从书籍中寻找答案。启发孩子讨论思想、艺术方面的内容，尽量让孩子发表自己的见解。

孩子一旦拥有良好的阅读习惯，就会以阅读为乐，由此，孩子的知识面也就更加广泛，进而促进孩子进一步学习更多的知识。

3.教孩子一些阅读的方法与技巧

要想对孩子进行阅读方面的训练，父母有必要教给孩子一些阅读的方法和技巧，以便能让孩子更好地进行阅读，读更多的书以及更准确地掌握书中的意思，学到有意义的东西。

所以，父母们可以告诉孩子，可以先进行粗读，当了解大概意思后，再进行细读。读书的时候，要让眼、手、脑并用，一边看一边想一边写，这样会使他的阅读更有意义。另外，我们还要告诉孩子，那些对他自身有益的书籍，最好进行反复地阅读，可以汲取更多的养料。

学会等待，就能学会自我控制

关键词

延迟满足　等一会儿　忍耐

指导

留意一下会发现，很多父母对于孩子有求必应，而且会在第一时间抓紧去完成。这样做，结果往往是孩子眼中缺乏耐性，稍有不满就大发脾气，而且因为不懂得自我控制，注意力也就很容易分散。

美国的一位心理学教授曾做过一个实验——"time out"实验，也就是延迟满足实验。"time out"即"暂停"的意思，也就是告诉我们，对于孩子的要求和欲望，我们得适当地延迟满足。如果对孩子提出的要求，父母总是立马满足的话，那么孩子就不会具备等待的耐心，容易急躁。相反，如果能够延迟满足孩子的要求，则能在一定程度上让孩子学会克制。

实验结果表明，那些具备"延迟满足"素养的孩子，更能够有效地进行自我调节和自我控制，可以为了更有价值的长远目标而主动放弃即时获得满足。而这些孩子在未来的学习、工作和生活上有着明显的较强的自我控制力，他们的注意力也就更为集中。

案例

琳琳是家里的宝贝疙瘩，从小就是一个娇滴滴的女孩子，稍有不满就大哭大闹。在琳琳还不会说话的时候，每当有什么需求，就要哭闹个不停，琳琳的妈妈没有经验，一看孩子哭了，就会马上到孩子身边。

渐渐地，妈妈发现了，琳琳有时并不是有什么需求，而是身边没有人的时候就会哭。虽然有人说孩子哭没事，能够锻炼肺活量，但是琳琳妈还是忍不住，总会第一时间到琳琳的床边。

渐渐地，琳琳长大了，但是她喜欢哭闹的习惯一点都没改。稍有不顺心就要哭闹起来。因为这招屡试不爽，只要自己一哭，妈妈就拿自己没有办法了，无论是什么要求，一哭妈妈就会答应。即使做错了事情，哭一哭也能让妈妈心软。就这样，琳琳越来越娇惯，也越来越任性。

琳琳的妈妈不知道该怎么办，在请教了有经验的父母之后，琳琳妈妈学到了一点。她开始试着拖延孩子的要求，一开始琳琳哭闹得更加厉害，但是神奇的是，过了一段时间，琳琳渐渐变了，她变得懂事，能够听妈妈的话，性格也有了变化。而且做事也认真、专注多了，无论是多乏味的事情，她也能投入其中。

技巧

其实，像琳琳这样的孩子不在少数，很多孩子都是家里的独苗，父母都疼爱得不得了，想要什么给什么。再加上现在实行理性教育，没有了打骂，更是将孩子宠上了天。但是，只是一味满足孩子的要求对孩子的成长并没有益处。

不要认为晚一点让孩子得到他想要的东西只是微不足道的小事，殊不知，这关系到孩子性格养成的大事。因为习惯了延迟满足的孩子，他们能够具备更强的自我控制能力，情绪不容易受到周围事物的干扰，从而能够更专注地投入到要做的事情中。

1.让孩子学会等待和忍耐

有很多家长都评价自己的孩子是"受穷等不到天亮"，也就是很容易焦躁，如果认定这是孩子的性格，不可扭转的话，那么孩子就只能形成急躁的性格。作为家长，培养孩子的时间观念是好的，也是有必要的，但是，也应该让孩子学会等待和忍耐。

如果孩子遇事急躁，并不能解决问题，还会让孩子无法集中注意力。当孩子遇到困难的时候，最容易急躁，或是向人求助，这个时候，家长并不应该马上解决问题，而应该给孩子一定的"冷却"时间，告诉他这并不困难，只是他太过焦躁而已，让孩子懂得自己寻找解决办法。

当然，家长拒绝孩子的时候不能太过生硬绝对，而应该采取鼓励孩子的方式。当孩子懂得平心静气解决问题的时候，注意力自然也就集中了。

2.和平民主的家庭气氛很重要，不要把孩子捧得太高

有一部分家长认为，民主就是要将孩子的地位抬高，实际上这种做法是错误的。给孩子这种优越感只能让孩子的认识出现偏差，让孩子觉得自己所得的一切都是理所当然的。作为家长，应该要让孩子懂得付出才会有回报，也要让孩子知道，有时需要等待，这并不是孩子哭闹就能够解决的事情。

或许一开始会比较难，但是当养成习惯之后，孩子的性格也会内敛许多，不仅注意力能够集中，还会更细心，家庭氛围也会更和谐。

关闭心灵之窗，用耳朵"看"世界

关键词

听觉能力　不重复　刺激听觉

指导

在孩子的五官当中，听力是最先发展起来的，所以孩子的听力发展越好，他的其他方面就会发展越好。

可是有很多孩子在上课的时候容易走神，对老师讲的内容是"左耳朵进右耳朵出"。这种注意力不集中的毛病导致孩子听课效率很低，考试也很难取得好成绩。哪个父母要是摊上这样的孩子，都会头痛不已。

要知道，听是我们从外界获取信息的重要渠道，当然也是孩子获取知识和接收信息的重要途径，如果缺少了"听"的能力，那么孩子就不能集中精力认真听老师讲课，他的学习效率和学习效果也就会不理想。所以说，对孩子来讲，良好的听觉能力是培养其注意力的重要基础，也是使他的学习效率得以提高的有力保障。

案例

刘芳现在某市一中就读，从小到大，她的学习成绩一直名列前茅。不仅如此，在其他方面的表现，也超乎同龄人不少，做任何事情都非常专注。曾经有不少家长向刘芳的父母"取经"，想知道人家是怎么培养孩子的。

对此，刘芳的父母多是微微一笑，告诉别人，他们并没有给孩子进行什么"特殊"的培养和教育，只是有一点他们觉得做得很好，那就是从女儿还在胎儿时期的时候，就对她进行了很好的听觉训练。

出于对孩子的喜爱，刚怀孕不久，刘芳的妈妈就试图和孩子谈话，她会温柔地问："小宝贝，宝贝，妈妈在叫你呢，听到了吗？"虽然很多人觉得这样没有意义，但刘芳的妈妈还是坚持孩子可以听到，而且这会对她的听力发展产生作用。

在妈妈的努力下，刘芳出生后，她的听力果真十分敏锐，这在她对声音，尤其是音乐和诗歌的敏感程度上得到了佐证。

在刘芳8个月左右的时候，她的妈妈在另一个房间练习贝多芬的《致爱丽丝》，当她弹完钢琴走到门口时，听到屋子里传出女儿稚气的"咿咿呀呀"声，她走进来仔细一听，刘芳居然在哼唱自己刚才弹到的《致爱丽丝》前几句，尽管不是很准确，但也能听出个大概，而且高兴得手舞足蹈。

受到鼓舞的妈妈在接下来的几天里，反复弹奏《致爱丽丝》前面的段落，果然她的努力没有白费，没过多久，刘芳就能将前几句的旋律完整地哼唱出来了，而且音准和节奏都没有问题。

为了让刘芳产生对音乐的热爱，从而更好地发展听力，在不到4岁的时候，她就开始教女儿钢琴。

除了用钢琴来唤醒女儿的耳朵，刘芳还想到了另一个主意，并马上付诸行动，那就是为她朗诵伟大诗人的诗作。不管是听音乐、弹琴，还是听妈妈朗诵诗作，刘芳总是聚精会神地听着，至于外面的世界，都几乎显得不存在了。

正是在妈妈持之以恒地对刘芳进行听觉训练的影响下，她的注意力得到了很好的培养，无论学习还是做别的事情，都能够一心一意，高度专注。

技巧

刘芳由于从小受到了很好的听力训练，使其拥有了很好的注意力品质。其实，听力还不只对注意力有所影响，还会影响到孩子的语言发育能力、智力水平等。因此，要想让孩子增强各个方面的能力，对其进行良好的听力训练是很有必要的。

1.在课堂上要处理好听、思、记三者的关系

有些孩子在课堂上常常习惯埋头记笔记，急于把听见的知识记下来，有时候一节课都不抬头。可是，到了最后老师讲的什么反而想不清楚，这样的效果就会很糟糕。

课堂笔记只是为了辅助听好课的一种手段，是为了有利于记忆、理解、消化、复习和巩固所学的知识，而不是学习的主要任务。如果只追求笔记的完整，而忽视了上课认真听讲和理解，那就是丢了西瓜捡芝麻，舍本求末。

因此，家长应该锻炼孩子以听和记为主，这样孩子为了能够记住，更好地理解，就会聚精会神地听，如此一来，孩子自然能够变得更加专注。

2.不要一件事重复很多遍

有的家长习惯了提醒孩子，其实孩子未必比成人粗心，有时一句话没有必要重复说，这样会让孩子觉得厌烦，之后对于父母的唠叨就"自动屏蔽"了。如果真到了这个时候，那么父母说什么孩子也不会认真去听、认真去记。时间久了，孩子的专注力就会有所下降。

在孩子上学的过程当中，很多知识老师不会无限重复，如果孩子没有专注于课堂的话，那么就会错过很多知识点。所以，从小家长就不要重复多次说过的话。

3.偶尔让孩子听听歌，给听觉一些刺激

音乐是陶冶情操的重要因素，家长可以通过音乐来锻炼孩子的听力。比如和孩子一起听歌，让孩子注意歌词，等等。这样有利于孩子专注力的提升。当然，在音乐的选择上最好不要选太过于激烈的音乐，容易过度刺激孩子的耳朵，最好选择一些听完心情舒畅的音乐。

转移注意力也不是难事

关键词

角色转换　新旧交替　开阔心胸

指导

在教育孩子的过程中，很多父母会采取转移孩子注意力的方式，让哭闹中的孩子安静下来，让孩子从一个兴趣点转移到另一个兴趣点。我们知道，注意力实际上是人的一种心理状态，注意能够使我们所选择的关注对象处于心理或

意识活动的中心。

一旦注意力发生了转移，那么注意对象就会发生改变，注意的范围也发生了相应的改变。如果我们的孩子能够拥有比较好的注意力转移能力，那么他在从一个事项转移到另一个事项的时候，就更容易，也更能够接收到新的信息，进而迅速地转换角色。这样一来，他自然就能够更顺利地完成事项之间的交替，也就更容易集中精力投入到新的事项中去了。

案例

三国时期，曹操率领部队去讨伐张绣，当时天气炎热，骄阳似火，士兵们在弯弯曲曲的山路上艰难行进着。路的两边是密密的树木和被阳光晒得滚烫的山石，士兵们闷热难耐，简直透不过气来。中午的时候，士兵们的衣服都湿透了，行军速度也慢了下来。

见此情景，曹操心里很是着急，他担心贻误战机，可眼看着几万人马连水都喝不上，又怎么能加快行进速度呢？

曹操叫来了向导，问道："这附近可有水源？"向导摇摇头说："在山谷的那边有泉水，但要绕道过去还需要走很远。"曹操想了一下说："不行，时间来不及。"然后，他看了看前面的树林，低头思考了一会儿，对向导说："你什么也别说，我来想办法。"

曹操知道，即使他下命令要部队快速行进也无济于事。不过他脑筋一转，来了主意。他立马来到队伍前面，用马鞭指着前面说："我知道前面有一大片梅林，那里长满了又大又甜的梅子！"士兵们听到这个消息，嘴巴里仿佛已经品尝到了梅子的美味，不由得精神大振，加快了前进的步伐。

技巧

这个故事中，曹操所采取的计策，实际上就是注意力转移的办法。士兵们因为听到了解渴的梅子就在不远处，他们的注意力便从冒着酷暑行军转移到了品尝甘甜的梅子上去。这样，他们就对快一点品尝到梅子充满了向往，而把酷热放在了一边。

同样地，我们的孩子如果具有较强的注意力转移的能力，那么他就能灵活地将注意力转移到新的事物上去，相反，他就容易走神，容易心不在焉。举个例子，如果孩子刚上完一节生动有趣的语文课，可由于学生们听得入迷，要求老师多讲，导致了拖堂，刚下课没两分钟，上课铃就响了。接下来，孩子们要上的是严肃的政治课。可是，他们还没调整好自己的情绪呢，无法快速地将注意力转移到政治课上，很多同学还在想着语文课上生动有趣的内容。不用问，他们在听政治课的时候，必然要受到影响。因此可以说，训练孩子的注意力转移能力是很有必要的。如果家长能在平时多对孩子进行这方面的训练，那么他就能在转移注意力的过程中更灵活、更迅速，也更容易取得良好的注意效果。

1.告诉孩子不要在难点上停留

孩子们都会意识到，对于自己理解的事物、有兴趣的事物，在探究它、观察它的时候，是比较容易集中注意力的。比如说，孩子喜欢语文，那么上语文课的时候就比较容易集中注意力，因为他理解，又有兴趣。反之，如果孩子不喜欢物理，那么上物理课的时候，就容易注意力分散。

可是，孩子也很清楚，如果对于不喜欢的科目放任自流，那么到头来会成为自己的短板，对于整体成绩是不利的。所以，很多孩子就特意去钻研那些自己不擅长的科目，以至于在上面花费了太多的精力。

其实这样做，并不一定能达到良好的效果。如果你的孩子有类似的情况，那么请你告诉他，对于那些不太擅长的科目，特别是那些科目中难度较大的题目等，不要花费太多的精力和时间，否则可能会让本来擅长的科目受到不利影响。比较好的做法是，在保证擅长科目的前提下，适当花费精力在不擅长的科目上；对于不擅长的科目中特别难的地方，不要一直揪着不放，而应把精力转移出来，放在自己能够驾驭的地方。

2.通过娱乐或休闲的方式训练孩子的注意力

对于年龄尚小的孩子，父母可以通过娱乐或者休闲的方式来训练孩子的注意力转移能力，以此来使他的注意力焦点发生改变。比如，孩子一旦发脾气，就会把注意力集中在"生气"之上。作为家长，应该了解一下孩子为什么生气。如果是因为得不到某件东西而哭闹，那么你可以抱起他到屋外走走看看，一方面安抚情绪，一方面也借外面的事物转移注意力。也可以为孩子做一顿美食，让他忘记或者不再关心之前引起他不开心的事物。

除此之外，父母还可以带孩子参加一些娱乐活动，比如唱歌、跳舞、绘画等，这样也可以帮孩子调节情绪，转移注意力。

扫除孩子的知觉障碍

关键词

缺陷　发育不良　压觉训练

指导

　　排除器质性原因，知觉障碍一般指的是辨别能力、过滤能力和记忆能力方面存在缺陷。有一些孩子由于某一知觉神经髓鞘形成较慢，造成了知觉反应迟钝，不容易辨别声音的异同。还有一部分孩子因为感觉统合功能发育不良，以至于无法适当过滤掉环境中不重要的刺激，所以常被一些不重要的或者不相干的知觉刺激给搅扰，致使注意力无法集中。

　　如果孩子患有知觉障碍，那么他的学习能力的提高将严重受阻。如果老师对此一无所知，对孩子没有理解和同情之心的话，那么孩子就会承担更大的心理压力。所以，如果父母们发现孩子总是心不在焉、容易走神的时候，要先带孩子去医院检查，找到症结所在。如果确实是知觉障碍，那么就要及早治疗。

如果不是此类障碍，那么也好采取其他相应的改变措施，帮助孩子走出知觉障碍的阴影，在学习和生活的道路上走得更快、更稳。

案例

亮亮是一名小学四年级的学生，长得浓眉大眼，英俊帅气，可是他的小嘴巴却总是喜欢紧闭着，从不主动开口与人说话。当别人问他问题时，他的眼神仿佛在告诉对方："我害怕，我不敢说。"

据亮亮的父亲反映，儿子总是低头不言，好像从来都不敢正视别人。在亮亮很小的时候，父母就离婚了，这么多年他一直跟着父亲生活，从来没有见过母亲。这给他幼小的心灵蒙上了一层阴影，致使他的性格非常内向、怯懦。

亮亮虽然不喜欢说话，但不代表他心里不考虑事情。相反，他的内心比其他同龄孩子都要丰富，考虑的事情都要多。这在一定程度上给他带来了很多的顾虑，也分散了他很多的精力。

亮亮的老师介绍说，在学校里，亮亮从不敢大声说话，上课的时候也从不主动举手发言。他不会招惹别人，不影响别人，但自己却经常走神。亮亮的父亲也表示，每天回到家，亮亮都不记得当天老师讲课的内容，做作业要10点后才能完成，而且还有很大的出错率。为此，亮亮的父亲常说他是人在这里，耳朵"跑"到了别处。

亮亮的班主任老师和父亲都对他进行过一定的教育，可效果甚微。没办法，亮亮的父亲只好带着亮亮到相关机构来进行检测。检测结果显示，亮亮在知觉广度方面严重落后于他的年龄。

针对亮亮的情况，心理专家们为他精心地制订了一份训练计划。这份训练计划主要是围绕知觉障碍进行。经过3个多月的艰苦训练，亮亮在听觉、视觉、记忆力方面都有了明显的提升。同时，他的注意力也有了很大的好转，期末考试的时候，他的成绩前进了十来个名次呢！

技巧

亮亮从一个沉默不语、胆小怯懦、注意力分散、学习成绩不好的孩子，成为一个知觉能力明显提高、注意力逐渐集中、学习成绩提高的孩子，很大程度上靠的就是心理专家为他进行的知觉训练，帮他扫除了知觉障碍，所以他才有了如此惊人的转变。

由此可见，当我们发现孩子存在着一些影响注意力的现象时，先不要急着责备孩子，而应该从更深层次来寻找原因，看看是不是因为知觉障碍导致了这种现象。如果答案是肯定的，那么我们就要寻找合理的方法来帮孩子扫除知觉障碍。

1.听觉感受性训练

(1) 聆听环境中的声音。父母要让孩子闭上眼睛，然后倾听环境中的各种声音。这些声音可以是汽车声、飞机声、动物的叫声、树叶的沙沙声以及邻近教室的声音等。然后让孩子及时说出他都听到了什么。

(2) 聆听录音。父母可要求孩子辨别录音机或光盘上的声音，比如火车、电脑键盘等发出的声音，让他辨别都听到了什么。

(3) 聆听人为发出的声音。父母要孩子闭上眼睛，然后辨别大人发出的声音。这些声音可以是钢笔落地的声音、扫把扫地的声音、撕碎纸的声音等。

2.用"蒙眼睛"游戏开发孩子的触觉

在开发孩子触觉的时候，斯特娜夫人告诉了父母们一个行之有效的办法，就是运用"蒙眼睛"的游戏，让孩子在没有视觉帮助的情况下，准确分辨身边各种小物品。这种锻炼方法的好处不仅表现在能够让孩子更为细致地观察身边事物的细节，还会让他的身体协调性变得更好，在此后一些动作类的学习中，比一般孩子学得更快。

通过触觉训练，孩子们对身体的操作会更加得心应手，比如在跑步和玩球等需要身体协调性的运动上，小时候得到过触觉训练的孩子明显会比没有这种经历的孩子更加应用自如。不仅如此，斯特娜夫人还提到，这类孩子在将来学习书写的时候，会更加容易，因为孩子在用手书写的时候，指尖会接触到笔，而手指的每一块肌肉都要察觉出用多少力气，才能书写得更加美观和漂亮。

3.压觉训练

我们可以为孩子准备这样的道具：3块光滑的小木板，重量为24克、18克、12克，分别涂上不同的颜色用来区分。为了保证孩子不受颜色的干扰，在将木块放到孩子的手上前，让孩子闭上眼睛，这样孩子就会完全依靠压觉来辨别手中木块的重量。经过压觉训练，孩子在短时间内能迅速地掂量出这些木块的重量。

培养孩子的语言表达能力

关键词

语言障碍　平等对话　越多越好

指导

父母是孩子成长的导师，家庭是孩子成长的摇篮。孩子各个方面的发育在很大程度上都依赖于家庭环境。语言能力的发展自然也不例外。

在与人交往的过程中，父母们应该都积累了一定的经验，我们往往通过一个人的语言就可以判断其身份、文化修养及社会地位等。不过，很多父母对于孩子的语言发育并没有系统的、持久的认识和培养。大多数家长都觉得，孩子大了自然就会说话了，根本不需要教。

实际上，这种认识导致的结果很可能是白白错过了孩子语言发育的良好时机，孩子在生命早期的语言表达能力耽误了开发的机会。殊不知，孩子语言表达能力的增强，对于其注意力的提升也是有着至关重要的作用的。所以，父母们不要等到意识到问题严重性的时候，再后悔没有及早培养孩子的语言表达能力哦！

案例

著名教育家卡尔·维特在培养孩子语言表达能力方面就做得很不错，值得我们借鉴。在小卡尔还是个小婴儿的时候，卡尔·维特和妻子就给他讲很多很多的故事。刚开始学会说话的时候，小卡尔竟然经常一个人坐在地板上"自言自语"。卡尔·维特走近之后仔细听，才听见小卡尔说的是他已经学会的那几个词语。看到儿子有如此强烈的表达欲望，卡尔·维特很欣慰，接下来，他给儿子讲了几个小故事，并鼓励他把这些故事复述下来。当然，复述故事并不是目的，而是通过这样的训练让儿子养成爱讲故事的习惯，同时也会养成集中注意力去听故事的好习惯。

这种讲故事、复述故事的习惯一再在卡尔·维特家延续着。渐渐地，当小卡尔向别人复述故事的时候后，已经不再是简单地平铺直叙，而是加入了自己的想象，从他嘴里讲出来的，往往是经过"深入加工"的更为精彩的故事。

技巧

看了这个案例，父母们是不是都很羡慕？其实你也可以做到，我们每个父母都可以做到。

我们知道，语言本身是人类特有的一种高级神经活动形式，学会说话是个显著进步。而在孩子的幼儿时代，是其口语发展的最佳时期，语言能力的培养，渗透于幼儿生活的每时每刻。父母们只要能够在这个阶段肯下功夫，挖掘潜力，那么孩子的语言表达能力就能够较为迅速地得到发展。

相反，如果在孩子语言发育的关键期，即 0~7 岁这个阶段没有及时刺激和训练，那么孩子就可能会产生语言障碍，影响其心理发展，注意力集中也容易成为难事。因此，父母们一定要在孩子很小的时候就注重其语言表达能力的培养，经常去逗他、陪他一起笑、和他多沟通，等等。这样一来，孩子的语言表达能力才会因得到比较充分地挖掘而提升，而且更容易集中注意力做好手边的每一件事。

1.和孩子像朋友一样平等对话

著名精神病学家威廉曾说过："教育孩子最重要的，是要把孩子当成与自己人格平等的人，给他们以无限的关爱。"

然而，很多时候，父母总是喜欢用说教的方法和说教者的身份来面对孩子。事实上，这样的教育非但无法取得应有的效果，还会造成孩子的逆反。之所以出现这种情况，很大程度上是因为在孩子眼中，家长不过是一个不懂得体谅自己，不理解自己的严厉的管教者，这让孩子觉得自己没有尊严。

想要改变孩子的这种看法，最重要的一点是要蹲下来和孩子说话。其实，作为孩子，最渴望得到的并不仅仅是好吃好玩的，更多的是来自父母的理解和尊重，以及平等的态度。一个始终处在仰视中的孩子，本身就会感觉自己低人一等，而处在平视中的感觉就有所不同了，只有当家长蹲下来和孩子交流时，平等的交流才有可能。

2.和婴儿时期的孩子说话越多越好

从孩子出生后到一岁前的阶段，父母或者其他抚养人都要尽可能地和孩子说话，可以说越多越好。有的父母可能会说，这么小的孩子懂什么？给他放音乐、放录音不也是一样的吗？事实上，这种过早地、过多地给孩子听而不是和他面对面交流，首先发育的是孩子的听觉理解能力，而表达能力就会滞后了。因为孩子的能力发育有一个自然的通道，先进入这个通道的就会得到更多的开发，而后进入的可能就得不到很好的开发。

所以说，家长们不能用想当然的方法来教育孩子，而是要采用科学的方法，将孩子语言能力的训练进行合理地安排，从最基本的对孩子发声、说话开始，适当地进行一些听的训练就可以了。

3.建立沟通渠道，随时把握孩子的心理

父母都知道要爱孩子，可是却不知道爱的本质是深深地理解和接纳。也就是说，只有做到了对孩子无条件地接纳和深深地理解，才是真正的爱。

不过，孩子的心理虽然不是深不可测，但很多家长常常也是琢磨不透。那么家长如何才能准确地了解孩子的心理呢？

一位母亲给我们分享了她的经验：

在我们家，有一个"亲情宝盒"，俗称"意见箱"。与孩子之间出现沟通障碍时，我们都是靠它来解决问题的。

有一次，孩子突然不开心了，我很纳闷，问他也不说，就写了个纸条丢进"亲情盒"里："妈妈怎么惹你不高兴了，能给妈妈说吗？"

一会儿，孩子也丢纸条进去了："你叫我写字，说这个没写好，那个也没写好，还说我笨。"

有时，孩子的心理父母是很难把握的，就算是父母开口问他，他也不一定愿意说出来。这时，"亲情盒"便成了我们与孩子之间的沟通桥梁。

这种方法确实不错，值得父母们借鉴。当然，我们还可以采取其他的办法

来和孩子进行平等的交流，比如用与孩子交换看日记的形式来解决，把自己不明白的事情写在日记里，同时也要求孩子用日记来回答。这样，父母、孩子的心理、想法都白纸黑字地呈现在日记上，父母与孩子之间有效地沟通，进而成为好朋友，也就是自然而然的事情了。

帮孩子制订明确的学习计划

关键词

盲目　学习计划　可操作

指导

　　如今，很多孩子在上学之后，每天只是盲目地跟从老师的思路，没有适当的学习计划，也不知道第二天应该做什么。看上去十分听老师的话，工夫也没少费，但成绩却迟迟没有提高。究其原因，就是不懂得自己制订学习计划。

　　学习计划就是预定在什么时候、采取什么方法步骤、达到什么学习目标。这就好比建造一座高楼大厦，之前得先有图纸，也好比两军对垒，打仗之前要先有战略部署。应该说，制订学习计划是培养孩子专注力的一个途径，也是提高孩子学习成绩最有效的方法之一。

案例

上小学的康康学习成绩一直比较稳定。然而刚刚升入初中的他，随着学习任务的不断加重而开始变得手忙脚乱起来。常常放下这个作业，拿起那个作业，想复习这本书，又觉得那个不够扎实，以至于自己成天挺努力地学习，但每次考试都会退步。康康的妈妈在帮他分析考试退步的原因时，发现了一个十分致命的弱点：儿子根本不知道什么时间应该学些什么内容。经过反复思考和研究，妈妈决定帮助康康学会制订学习计划的方法。

周末的下午，妈妈把康康叫到身边，告诉他："康康，我能看出你的努力，也知道你一直为成绩不好而沮丧，现在我有一个好办法，可以提高你的成绩，想不想尝试一下？"康康连忙点头，于是妈妈和康康共同商议，制订了一个3个月的短期计划，因为3个月后是期末考试。

由于是和妈妈一起制订的计划，康康遵守起来劲头十足。每天完成功课也不再手忙脚乱，东一头西一头了，而是十分从容，将每门功课的轻重缓急分得很清楚。期末考试的时候，康康的成绩一下子到了班里的前十名，这让他对制订学习计划有了更大的信心。升入初二的他，不仅学会了主动制订学习计划，而且成绩始终名列前茅。

技巧

帮孩子制订一套适合他的学习计划，能够让孩子逐渐养成按照计划学习的习惯，以及专时专用、讲求效率的习惯，同时还能培养孩子勤于思考以及主动查阅工具书和资料的习惯等。这些好习惯能够使孩子有条理地安排学习、生活，能投入到其中，长大后也会将这一习惯运用到他们的工作中。可以说，制订计划的习惯将对孩子的一生产生积极有利的影响。

1.计划要有可操作性

虽说制订适合孩子的学习计划大有益处，但如果无法执行也等于瞎子点灯——白费蜡，所以，父母在帮助孩子制订计划的同时，一定要考虑到可操作性，不要让计划只是一纸空文，这对孩子的学习是起不到任何作用的。

2.制订计划需要全面统筹

小孩子的身体和心理发育都很关键，只有全面发展，才能更好地成长。所以在帮他制订计划的时候，父母一定要考虑全面，不仅要规定学习的任务和目标，还要适当安排他参加社会活动，及时锻炼身体，并留出娱乐和休息的时间，将各项内容协调起来。因为只有有规律且充实的生活才是提高学习效率的保障。

在帮孩子制订计划的同时，父母还要提醒孩子分清主次，合理安排学习计划，将学习、生活、娱乐各方面的主次，有个系统的认识。比如各门功课的学习和其他课外活动之间的主次，学习中主科与副科所占用的时间比例等，只有将这一切全面统筹，考虑周到，才能制订出科学合理的计划。

3.制订计划要留有余地

作为父母，在帮助孩子制订计划的时候，一定要想到，计划毕竟只是一种设想。在付诸实践的过程中，很有可能会出现种种意外状况，影响这一计划实现。所以计划要留出适度和灵活机动的空间，做到张弛有度。比如，当孩子出现生病或疲倦等突发情况时，父母应该和孩子协商讨论，共同制订新的学习计划，尽量在最短的时间内做最恰当调整，不影响后面计划的执行。

值得注意的是，尽管学习计划要有灵活性，预防突发事件，但父母帮孩子制订出学习计划之后，必须以基本不变作为原则，只有这样才有助于他养成良好的习惯。假如将生命情况都当作例外，随意改变计划，将很难形成有规律的

学习习惯。因此，在一开始制订计划的时候，充分考虑留有余地，一旦计划确立，尽量不要改变。

让你的孩子 "动" 起来

关键词

锻炼身体　意志力　有效控制　协调

指导

"生命在于运动"，运动能给孩子带来无穷的活力，能够促进他们身体更加健康地成长。无疑，身体的健康发育是一切能力发展的前提和保障。而体育活动不仅能增强孩子的身体健康，满足他们成长的需要，同时也能够锻炼孩子的意志和品格，使其更有耐力、毅力和专注力。

一个人的专注力和大脑有着密切的关系，而运动能够刺激我们大脑的发育，想要孩子的身体更加协调，专注力更强，运动是不可缺少的。

著名的教子专家斯特娜夫人曾这样说道：既然我们给了孩子生命，我们就必须要照顾好、保护好我们的孩子，这其中最重要的一点，就是要让孩子拥有一个健康的体魄。斯特娜夫人是这样认为的，也是这样做的。接下来，我们就看看培养孩子运动能力的具体做法吧！

案例

在女儿维尼弗里德长大一些的时候，我常常带孩子到户外进行活动，让孩子在自然中不知不觉地学会如何锻炼身体。天气晴好时，我们还会在沙滩上一起玩沙子、做游戏，度过大部分时间。这让小维尼弗里德不仅接受了阳光的照射，还锻炼出健康的体魄。

从维尼弗里德出生的第一天起，我就十分注意测试孩子洗澡水的温度，我认为这对于孩子将来会不会喜欢洗澡有着很大影响。当维尼弗里德达到能理解故事的年龄，我每天都用玩游戏的方法让孩子喜欢洗澡。有时我会将小维尼弗里德当作一条在大海中游泳的小美人鱼或装扮成可爱的海豚，在大海中遨游；有时，我将一些可爱的塑料玩具放进澡盆，让孩子为它们洗澡。在这些场景中，小维尼弗里德逐渐爱上了洗澡，并获得了极大兴趣。

为了提高女儿的肺活量，我教孩子进行深呼吸训练、唱歌和吹口哨。尽管上天并没有赐予孩子得天独厚的声带，而且孩子的歌唱也并不尽如人意，但在我的教授下，孩子却能把口哨吹得非常好。每天，我都会为维尼弗里德安排充实的锻炼，一起踢球、散步、玩游戏、做园艺……从而让孩子在忙碌中不断成长。

为让孩子得到更好的锻炼，我在自己的家里建造了健身房，里面装有用于锻炼的普通运动器材，还有一个小沙堆、一个跷跷板、一个滑梯和一个用带着大树枝的树干建成的大树阶梯。这些简单易学的健身器材十分方便，它们让维尼弗里德的平衡协调能力和腿部力量得到了很好的锻炼。

在维尼弗里德几岁大的时候，孩子已经学会了骑马、划船、游泳、踢球、爬树和爬山等运动，通过这些游戏和训练，维尼弗里德拥有了能够克服任何困难的足够体力和勇气。同时，也让孩子养成了更好的注意力习惯，不管做什么，孩子都能够一心一意，专心致志。

技巧

健康的孩子离不开运动和锻炼，父母们完全可以在日常生活中寻找一些能让孩子得到锻炼的方式。要知道，孩子身上所体现出来的恐惧、仇恨、懒散、拖拉、分神等情绪和习惯，都是其精神和身体系统失调的信号。这样一来，孩子的脑力和体力就会变得虚弱，以至于延缓生长，使孩子在生活和学习方面均形成恶性循环。这样的状态显然是父母们极不希望看到的。

正因为如此，家长们更应该鼓励孩子多参加运动，从小养成锻炼身体的好习惯。

1.适当引导，让运动成为孩子生活的一部分

在一个人的幼年和童年时代，即3~12岁之间，是人形成良好习惯的关键期，这一阶段，人的可塑性很大，最容易接受成人的引导和训练，同时在生理上也正处于生长发育和素质发展的敏感期。

基于这两点因素，可以得出这样的结论：人在这个年龄段内正是养成自觉锻炼身体习惯的好机会；如果错过了，随着人的年龄的增长，由于受旧习惯的干扰，新习惯就难以形成。因此，家长应该抓准时机，让孩子养成爱好锻炼的生活方式。

2.提供用具，增加孩子活动的趣味性

孩子是很渴望新鲜感的，如果总是一成不变，那么他们即使一开始有兴趣，也会很容易变得乏味。

　　因此，这就需要父母尽可能地多为孩子配置一些运动的用具，比如球类、橡皮筋、沙包、跳绳等；为了方便孩子运动，父母还要为他们准备好运动服和运动鞋。这样，孩子不仅增加活动的积极性，也会在运动中方便、自如，并且更具安全性。

3.培养孩子持之以恒的意志力

　　小孩子往往意志力薄弱，难以做到持之以恒，这时候，就需要家长进行监督和鼓励了。锻炼身体是一项艰苦的任务，需要劳其筋骨、苦其心志，三天打鱼两天晒网显然是不行的。因此，当孩子试图为自己找一些客观理由来躲避锻炼身体的时候，父母要想办法帮他克服心理上的薄弱意志。多给予鼓励，并制订合理的锻炼计划，同时采取奖励机制，以进一步巩固和强化孩子对于锻炼身体的兴趣。

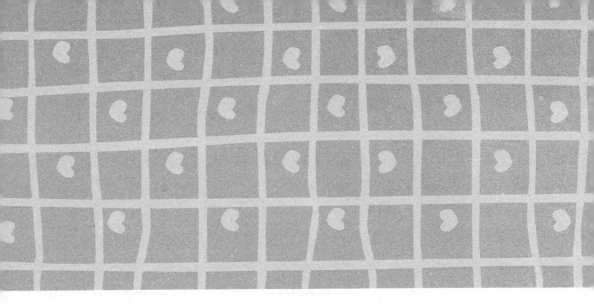

第七章
专注力之游戏娱乐法：
寓教于乐才会不疲劳不抗拒

那些生动的、有趣的游戏，都能够让孩子尽情而畅快地投入其中，其注意力的集中程度和稳定性也都更强。因此，在陪伴孩子的成长过程中，父母们有必要通过各种游戏来激活孩子的大脑，使孩子有效地处理信息，达到专注的目的。

"说话"也能增强专注力

关键词

说话迟　绕口令　猜谜语

父母们会发现，有的孩子语言发育得早，语言表达能力也强，而有的孩子"说话迟"，语言表达能力也差。更值得重视的是，那些语言表达能力强的孩子，往往做事也更专注。相反，那些语言发育迟缓、表达能力也较差的孩子，其专注力也相应较差。

其实，之所以有如此大的差别，除了先天的一些差异外，更多的还是在孩子的成长过程中是否得到了一定的训练。为此，我们可以和孩子一起玩一些语言游戏，以帮助孩子提高语言理解能力和语言表达能力，进而促进孩子的语言和思维的发展，同时促进其专注力的提升。

1.一起来说绕口令

对于绕口令我们都不陌生，说绕口令的目的主要是练习发音的准确性。我们可以为孩子准备一些相关的书籍。先由家长来朗诵绕口令，在朗诵的时候，一定要吐字清晰，不要为了速度快而忽略了这一点。

在家长朗诵两三遍之后，再和孩子一起分析绕口令中的内容，帮助孩子理解绕口令所要表达的意思。接着，可让孩子跟着家长朗诵几遍，之后再由孩子自己朗诵。

在此，我们为家长们提供几个有趣的绕口令，父母们不妨抽时间陪孩子练习一下。

（1）《扣纽扣》小牛扣扣使劲揪，小妞扣扣对准扣眼扣，小牛和小妞，谁学会了扣纽扣？

（2）《气球换皮球》小齐吹气球，小于玩皮球。小齐要拿气球换小于的皮球，小于不拿皮球换小齐的气球。

（3）《采蘑菇》黑兔和白兔，上山采蘑菇，小猴和小鹿，一齐来帮助，猴和兔，兔和鹿，高高兴兴采蘑菇。

（4）《蛙和瓜》绿青蛙，叫呱呱，蹦到地里看西瓜。西瓜夸蛙唱得好，蛙夸西瓜长得大。

（5）《阿牛放牛》有个孩子叫阿牛，阿牛上山放老牛，老牛哞哞叫阿牛，阿牛回家骑老牛。

2.一起来玩猜谜语

孩子都有好奇心，猜谜游戏正好激发孩子的好奇心。在猜谜过程中，孩子会聚精会神地听谜题，然后会认真地思考。这个过程实际上正是孩子认真投入地做一件事的过程，所以父母们要多和孩子做一些猜谜的练习。

为了引起孩子的兴趣，我们要多出一些孩子感兴趣的谜题。在此，我们为家长朋友列举一些，以供参考。

（1）身体足有丈二高，瘦长身节不长毛，下身穿条绿绸裤，头戴珍珠红绒帽。（打一植物）〔谜底〕高粱

（2）小时青来老来红，立夏时节招顽童，手舞竹竿请下地，吃完两手红彤彤。（打一植物）〔谜底〕桑葚

（3）麻布衣裳白夹里，大红衬衫裹身体，白白胖胖一身油，建设国家出力

气。（打一植物）［谜底］花生

(4) 高高个儿一身青，金黄圆脸喜盈盈，天天对着太阳笑，结的果实数不清。（打一植物）［谜底］向日葵

(5) 长得像竹不是竹，周身有节不太粗，不是紫来就是绿，只吃生来不能熟。（打一植物）［谜底］甘蔗

(6) 小小姑娘满身黑，秋去江南春来归，从小立志除害虫，身带剪刀满天飞。（打一动物）［谜底］燕子

(7) 一条牛，真厉害，猛兽见它也避开，它的皮厚毛稀少，长出角来当药材。（打一动物）［谜底］犀牛

(8) 小飞机，纱翅膀，飞来飞去灭虫忙，低飞雨，高飞晴，气象预报它内行。（打一动物）［谜底］蜻蜓

(9) 小飞虫，尾巴明，黑夜闪闪像盏灯，古代有人曾借用，刻苦读书当明灯。（打一动物）［谜底］萤火虫

(10) 一顶透明降落伞，随波逐流漂海中，触手有毒蜇人痛，身上小虾当眼睛。（打一动物）［谜底］海蜇

3.让孩子讲故事

故事是孩子们的至爱，父母可以利用孩子的这一特点，多给孩子讲一些故事，同时还要鼓励孩子多讲故事。这样就会使孩子专心地投入到思考故事的情节当中，对其专注力及语言表达能力的培养自然是大有裨益了。

家长可先给孩子讲一个故事。然后拿出表示故事情节的图片，并打乱顺序。此时，父母可以让孩子根据之前听到的内容来拼接图片。孩子拼接好之后，让孩子再看着图片把故事复述出来。

除了这种玩法，父母还可以说出几个关键的词，比如什么时间，什么动物，最后得到了什么样的结果。然后让孩子填充里面的内容。孩子填充内容的过程，其实就是在讲故事了。

专注力始于"大开眼界"

关键词

持续性　选择性　光影　魔术

很多家长都注重孩子大脑的发育，从食物开始，全方面进行补脑。其实，我们身体的很多部分都与大脑有着密切的联系，比如我们的视觉，就与大脑密不可分。毕竟大脑得到的信息有很大一部分来自于我们的视觉。

通过视觉游戏，可以促进孩子的视觉发育，并且能够锻炼大脑，可以提升孩子的注意力，是非常好的训练，也是非常必要的游戏。

1.撞棋子

家长可以找来围棋或者五子棋的棋子，在桌子上分不同的距离位置摆放好。然后和孩子选定各自颜色的棋子，在桌子的一角拿一颗棋子开始游戏，撞向属于自己颜色的棋子。没撞到就换另一方继续。最终谁先完成谁赢。

通过比赛的形式，可以激发孩子的兴趣，同时棋子之间的碰撞也锻炼了孩子的视力，也能通过游戏加强亲子关系。

2.颜色变魔术

颜色有很多种，我们知道两种不同的颜色混合在一起便可以出现第三种颜色。这种变色游戏，对于小孩子来讲可是很有趣的事哦！

我们可以为孩子提供红、黄、蓝三种颜料，在一个盘子中分别先放上红和黄两种颜色，让孩子把二者混合起来；然后再拿另一个盘子，放上黄和蓝两种颜色，同样让孩子混合；再拿第三个盘子，放上红和蓝两种颜色，也让孩子混合。

通过每一次的操作，让孩子观察三个盘子里出现的颜色混合后的不同效果。我们还可以将调配好的三种颜色分别取一点放到餐巾纸上，让颜色化开，再让孩子轻轻揉搓这些有颜色的纸，还会出现独特的形状呢！孩子会从中感受颜色混合的绝妙。

3.踩影子玩

有光的时候就会有影子，而且不同的角度影子的形状也会不同。我们可以利用影子来吸引孩子的注意力。

虽说影子是没有颜色的东西，但是影子有形状。比如，有时候可以拉得很长，有时候又会成很小的一个点。当然，这些形状是根据我们站在太阳下的不同位置而变的。

父母们可以在有阳光的时候，带孩子在室外玩耍，让孩子来踩自己的影子，自己也跑去踩孩子的影子。通过不停地转换身形，站在不同的角度来和孩子互相追逐玩耍。你还可以指定身体的一个部位来增加游戏的难度，增加游戏的乐趣，同时可以让孩子学习认识形状和身体的各个部位。比如，你说现在开始踩圆形的地方或者踩手臂了，等等。

4.光影的移动

在儿童博物馆及一些演出场馆，时常会见到这种光影晃动的游戏。我们会注意到，工作人员会利用旋转灯的角度和颜色的移动来吸引孩子的注意力。这个游戏我们也可以在家里和孩子玩耍。

具体玩法可以这样来操作：拿3个手电筒，在手电筒有灯光的那一头贴上颜色鲜艳的不同的透明纸。晚上的时候，把家里的照明灯关掉，然后用3个手电筒在一个安全范围内闪动。这时候，我们会发现房间里会闪烁3种不同颜色的光束,孩子的目光会自觉地随着光束而移动。

当孩子站到光束下的时候,你可以移动手电筒,让孩子跟着光的影子跳动。这个时候,也可以放一些节奏明快的乐曲,孩子会在跳动、追逐的过程中想要把光束抓住。此时,你可以指定不同的颜色,比如你说找红色,孩子就要站在红色上;你说找蓝色,孩子就要寻找蓝色的光束并站上去。

对于这个游戏,我们建议玩耍的人尽量多一些,因为多几个玩伴可以提升游戏的趣味度。需要提醒的是,这个游戏会让孩子玩起来很疯,所以一定要注意环境的安全。

5.找不同

父母可以画两幅相似的画,在细节方面设定一些区别。或者也可以找一张相片,通过制图软件加一些东西,或者擦掉一些东西。这并不需要很高的制图水平,也不需要特别精细的处理,只要能够让孩子感到有趣就可以了。

灵敏的听觉让孩子更专注

关键词

> 灵敏的听觉　捕捉能力　复述故事

一说到听，父母们可能会觉得，听还需要训练吗？

事实上，孩子的听力也是需要培养的。我们知道，注意力是有目标性的活动，听人说话同样也要有目标，需要专心致志。父母们如果留意一下，会发现，那些注意力不集中的孩子，通常没有很灵敏的听觉。

为此，我们有必要对孩子进行听觉训练，通过听觉游戏，帮助孩子提高听觉的灵敏度和对信息的捕捉能力，以此来提高孩子的专注力。

1.摸一摸

这一游戏的目的是让孩子通过手的触摸，来间接感受声音的存在。父母可准备一面鼓或者一组音响设备。接下来，家长来敲鼓，让孩子体会因敲鼓面而发出的声音，并感受不同节奏带来的变化，还可以让孩子随着敲鼓的声音跳跃或者拍手。

2.什么乐器在响?

父母可准备几种乐器，比如棒子、喇叭、铃铛，有条件的家庭可准备钢琴、小提琴、大提琴等。通过让这些乐器发出声音来培养孩子分辨不同的乐器。另外，父母还可以使用两种乐器一起演奏，让孩子分辨。在此提醒一下父母们，如果家里没有上面所说的乐器，也可找其他的发声物品来替代。

3.复述故事

家长可以事先读一个故事，告诉孩子一会儿让他复述，然后家长开始讲故事，在讲故事的过程当中，家长可以设定几个关键词，比如主人公穿着什么颜色的衣服，是什么颜色的头发，等等。在故事结束后，让孩子复述故事的同时，也可以将重点强调过的词语作为考题，让孩子想。

在讲故事的开始，家长可以先告诉孩子，自己将会说出几个关键词来。到关键词出现的时候，家长可以加强语气，或者提高声调，以此来引起孩子的注意。

4.小机器人

父母可以和孩子玩机器人的游戏。游戏设定为孩子是机器人，而父母则是遥控器，孩子要按照父母的要求完成动作。

比如向左转、向右转，左手抬高，踢出右脚，等等。这样在锻炼了孩子听觉的同时，也培养了孩子的专注力。因为孩子只有在游戏当中才能真正全身心地投入。也可以加大难度，比如让孩子做的动作和自己的话相反，说站起来的时候，孩子要蹲下，说向右转的时候，孩子要向左转，等等。

5.根据指令来夹弹珠

家长准备一双筷子、两只塑料碗，还有不同颜色的玻璃弹珠 30 个及一块秒表。

先把所有的玻璃弹珠放入其中的一只碗内，要求孩子用筷子迅速地把碗里的弹珠夹到另一只碗里。同时用秒表做好记录。

在认知事物中培养专注力

关键词

分门别类　机器人

孩子从一出生开始，便通过倾听、观看、触摸等方式来感知这个丰富多彩的世界。孩子稍大一些后，父母可以通过教孩子认识某些物体的名称、习性等来增强孩子的认知能力，培养孩子的专注力和观察力。

1.归类游戏

分类是孩子认知当中很重要的组成部分，家长可以准备一叠卡片，在每张卡片上画上不同的图案，可以是小猫、小狗、西红柿、苹果，等等。在准备工作完成之后，家长要重新"洗牌"，将卡片打乱，然后准备几个盒子，在每个盒子上面写一个类别，比如蔬菜、水果或是动物。

之后，家长就要将卡片交给孩子了，让孩子将相同类别的卡片放入同一个盒子当中。如果孩子完成得很顺利，那么可以适当加大难度。可以增加类别，也可以给孩子限定时间。

或者家长也可以用另外一种方式，比如，在相同类别的卡片当中混入不同类别的卡片，不告诉孩子，让孩子自己来寻找。

2.机器人游戏

孩子大都对机器人备感好奇，我们可以利用这一点来激发孩子的求知欲，进而培养起专注力。这个游戏的目标就是要孩子来制造他心目中想象的机器人。

父母可和孩子一起准备纸盒子、硬纸板、透明胶带等物品。

首先，我们应让孩子了解机器人，这一步可通过相应的图片来完成。为了引起孩子的兴趣，我们可以问孩子：你见过机器人吗？他长什么样子呢？你最喜欢哪个机器人形象呢？

接下来，就是制作机器人了。第一步，用积塑片插机器人。第二步，用橡皮泥或胶泥捏机器人。第三步，用硬纸板做机器人：先从网上搜索一张机器人的图像，最好打印出来，然后剪贴到硬纸板上，将其剪下，在机器人脚下做一个托，使其直立，用针或曲别针固定，可成为磁铁玩具。第四步，让孩子用大纸盒挖洞，套到头上、身上、臂上、腿上，扮机器人。

为了增强孩子的成就感，父母可将孩子制作的机器人摆放在客厅中比较显眼的地方，或者贴在墙上。这样孩子会感觉自己的劳动成果很棒，他的创造欲望会被激发，说不定什么时候又要制作机器人了呢！

聚精会神地享受"刺激"

关键词

难以适应　回避　摸一摸　抛接球

所谓触觉，指的是孩子身体触碰的感觉刺激。这个刺激包括外界给予的和自己发觉的。由于人体对于自身的保护程度不同，所以每个孩子对于轻、重、尖、钝、冷、热等感觉刺激的程度也有所不同。

毫无疑问，在孩子的成长过程中，他们通过触摸可以感知物体的形状、冷热等，从而对这个世界增加认知，同时还有利于孩子保持情绪的稳定性。

与人类智慧最密切相关的两个动作是舌头和手的动作，让孩子进行触觉训练主要是让其经过手对物体的感觉来认识物体的性质。这种触觉刺激的认知必定让孩子体验到不用双眼认识物体的喜悦。

如果孩子的触觉不够灵敏，那么他对外界的刺激就会不敏感，或者表现为难以适应。这样的孩子对于新事物往往持躲避态度，对于他人的轻柔的触碰也会主动回避。如果一直得不到改善，那么这些孩子将会出现人际关系淡漠、学习积极性低下、反应迟钝、注意力难集中等现象。

因此，父母们必须密切关注孩子触觉系统的发育，从孩子很小的时候就要经常有目的地对其进行触觉训练。

1.蒙起眼睛

父母可以将孩子的眼睛蒙起来，然后找出各种各样有特点的物品，让孩子通过接触它的形状、质感，猜出是什么东西。或者父母可以用双手引导着孩子去摸身体的某个部位，然后根据特征猜出是哪个部位。

2.一起来玩抛接球

准备一个橡胶皮球，爸爸或者妈妈和孩子对站，保持一定的抛接球的距离。一个人抛球，对面的人接球。熟练后，还可以增加难度，比如在抛接球的过程中，一边跳一边接球或者抛球，也可以一次抛和接两个球。如果还要难度再高点，还可以一边抛接一边数数。

这个游戏训练的气势是手和眼的协调性。加上数数实际上是增加了大脑的思考。

3.猜一猜是什么

让孩子背对着自己，在孩子的背后写一些笔画简单的字，然后让孩子猜猜自己写的是什么，猜出来了就反过来，家长转过去，让孩子在自己的背后写字。

4.玩绳

跳绳的玩法多多，这项运动可以锻炼孩子四肢的力量和全身的协调能力，进而发展孩子的注意力。

这项游戏所需要的道具很少，两根绳子即可。我们将两条绳子拉成相距10厘米的平行线，用来做"独木桥"，让孩子在平行线中间走，如果踩到绳子，或者踩出绳外，就算掉落河中。

另一种玩法是"走钢丝"，也就是将一根绳子拉成直线，作为"钢丝"，让孩子踩着绳子前进。走不到绳子上就算掉下钢丝，按失败处理。

爱动脑筋的孩子更专注

关键词

技术含量　牛吃草　身后的脚印

孩子最喜欢的事莫过于玩了。当然，玩也有技术含量高低之分。要想培养孩子的专注力，我们不妨和孩子玩一些思维游戏。通过这些游戏，孩子能够集中注意力进行思考，而且还能体验到其中的乐趣。

下面，我们就为家长们提供几个相关的题目，以供参考。

1.牛能否吃到圈外的草？

父母给孩子出题目：草地上画了一个直径十米的圆，里面有一头牛，在圆心插一根木桩。牛被一根5米长的绳子拴着，如果不割断绳子，也不解开绳子，那么此牛能否吃到圈外的草？

这道题如果按照数学的角度是不可行的。但从语文的角度是可以的，我们可以把草割了，然后给牛送去让它吃就没问题了；或者让牛脖子变长，然后它就能吃到圈外的草了。

如果孩子能回答上来，当然更好，如果回答不上来或者不正确，那么家长就要给孩子解释一下。虽然题目说牛被 5 米长的绳子拴着，但是没有具体说这根绳子拴在哪里，印象当中我们觉得拴在牛脖子上，大胆地设想下，如果拴在了牛的尾巴上了，那牛的身体加上绳子的长度，牛肯定能吃到圈外的草了。

还有一点要注意：牛的这头有绳子拴着，那绳子的那头呢？题目没有交代是否拴在了木桩上，所以，我们可以推断这道题的答案就是，牛可以吃到圈外的草，因为绳子的那头没有拴在木桩上。

这道题的答案自然是：能吃到圈外的草。

2.猎人是如何开枪将狼打死的？

我们为孩子出这样一个题目：一个猎人，一支枪，枪射程 100 米，有一只狼距离猎人 200 米，猎人和狼都不动，可是猎人却开枪把狼打死了。

我们让孩子设想一下，在猎枪射程不变的情况下，在狼距离猎人距离不变的情况下，是不是只能是猎枪的长度的问题，才能导致猎人能开枪打死狼？也就是说，猎枪长 100 米。

3.身后的脚印

按理来说，一般人走路都会有脚印的，况且是在柔软的沙滩上，所以脚印肯定会有的。难道他倒立走路，所以没看见脚印，那也会看到他的手印？要不就是这位边走边把脚印给擦了，所以没有脚印的？这个答案也不太合理。这些答案似乎感觉欠缺什么。

这道题旨在让孩子思考：经过上面的分析他背后没有脚印，那他前边肯定会有脚印的。如何能做到前边有脚印呢？没错，就是倒着走路，当他倒着走路的时候，那么脚印自然不在身后，而是在他的前方。想必你的孩子已经知道是为什么了，也就是：倒着走。

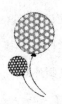

让孩子体验数字中的无穷乐趣

关键词

卡壳　数数　反口令

有些孩子数学成绩很差，而且注意力也容易涣散。如果自己的孩子恰好是这样的，父母难免会焦虑重重。因为我们知道，数学是一门十分重要的学科，如果这一学科学不好，成绩上不去，那么孩子就难以在总分上取得理想的成绩，学习的积极性也会受到影响。

对此，一些父母可能会选择一些数学培训班，让孩子在课外"吃小灶"，试图通过这样的方式来增强孩子对数学的兴趣，提高孩子的数学成绩。

这些做法不能说不可取，但要想让孩子真正爱上某一门学科，还需要从兴趣着手。对孩子进行数学游戏方面的训练，就是不错的方法。孩子在游戏的过程中，不但能增强对数学的乐趣，而且还能够培养其专注力，成绩的提升也就不是那么困难了。

数学游戏，自然与数字有关，一个数学学不好、反应能力比较慢的孩子出错的概率高，也容易卡壳，而注意力不集中的孩子，自然也不能玩好数学游戏。因此，玩数学游戏不仅能让孩子建立起数字的概念，还能在游戏的过程中，培养专注的能力。

1. 3、6、9

其实这就是数数游戏，我们都知道，6 是 3 的倍数，9 也是 3 的倍数，所以，这个游戏就是数数的游戏，每当数到 3，带有 3 或是 3 的倍数时，就不能说出来，而要拍手代替，就这样过去，在人多的时候非常适合这样的游戏。

或者选择 7 的倍数也可以。对于较小的孩子来说，这样的游戏还有些困难，不过试着做一些这样的游戏，不仅有利于孩子专注力的培养，还有助于孩子逻辑思维能力的培养。

2.数小狗

这个游戏并不需要真正的小狗，而是让孩子通过大脑的思考来计算相应的数量。这对于训练孩子的数学思维和注意力都有些难度，所以适合稍微大一点的孩子。

具体来说，父母们可以先说一部分，让孩子从中找到规律，然后依次接着数。比如，一只小狗一张嘴，两只眼睛四条腿；两只小狗两张嘴，四只眼睛八条腿；三只小狗三张嘴，六只眼睛十二条腿……父母可以多说几遍，尽量让孩子自己找出其中的规律，然后依次接力数下去。这对于孩子集中注意力和培养敏锐的数学思维都是大有裨益的。

3.反口令

这个游戏说起来很简单，但操作起来却需要孩子注意力特别集中才行。具体来说，这个游戏就是父母说"大苹果"的时候，孩子要比画出小苹果的形状；当父母说"小苹果"的时候，孩子要比画出大苹果的形状。经常练习，会有利于孩子注意力集中，也会让孩子反应更敏捷。